名贵珍稀菇菌栽培新技术丛书

真姬菇·姬松茸·杨树菇

严新涛 陈选仁 刘 云 编著

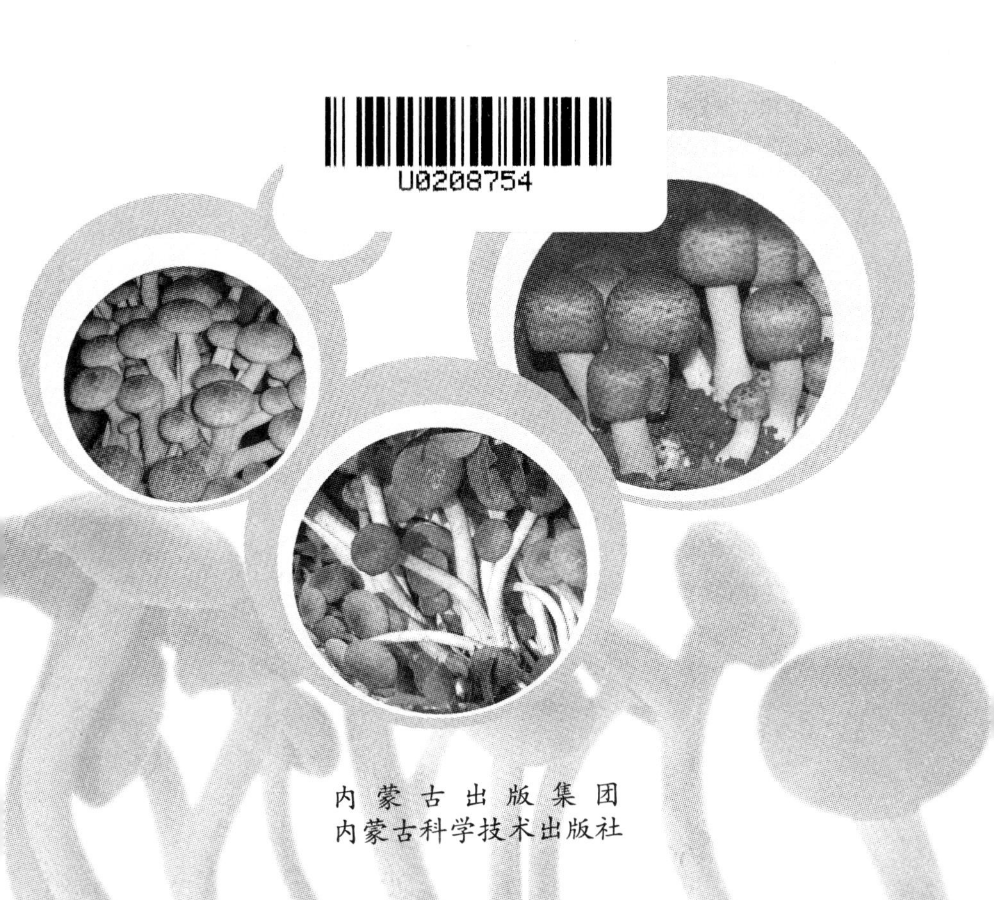

内蒙古出版集团
内蒙古科学技术出版社

内容提要

本书详细介绍了真姬菇、姬松茸、杨树菇等的栽培现状、利用价值、形态特征、生长条件、菌种制作、栽培技术等内容。资料翔实，并附有黑白形态图及生产操作示意图，直观性和可操作性强，很适合各地区广大新老菇农使用。

图书在版编目(CIP)数据

真姬菇·姬松茸·杨树菇/严新涛，陈选仁，刘云编著．—赤峰：内蒙古科学技术出版社，2013.9
(名贵珍稀菇菌栽培新技术)
ISBN 978-7-5380-2305-3

Ⅰ.①真… Ⅱ.①严…②陈…③刘… Ⅲ.①食用菌类—蔬菜园艺 Ⅳ.①S646

中国版本图书馆 CIP 数据核字(2013)第 219836 号

出版发行：内蒙古出版集团 内蒙古科学技术出版社
地　　址：赤峰市红山区哈达街南一段 4 号
邮　　编：024000
电　　话：(0476)8226867
邮购电话：(0476)8224547
网　　址：www.nm-kj.com
责任编辑：许占武
封面设计：永　胜
印　　刷：赤峰地质宏达印刷有限责任公司
字　　数：169 千
开　　本：850×1168　1/32
印　　张：6.125
版　　次：2013 年 9 月第 1 版
印　　次：2013 年 9 月第 1 次印刷
定　　价：14.80 元

序

我国是菇菌生产大国，其总产量和出口量均居世界首位，这是值得国人引以为豪的一项重要产业。

菇菌以其高蛋白、低脂肪，营养丰富，滋味鲜美而著称，且具多种药用功能，被世界公认为"绿色食品"和"保健食品"。

菇菌生产可利用多种农作物秸秆和农副产品加工的下脚料作为原料，在室内或室外进行栽培，既不占耕地，又无污染物，其培养料废弃物还可作为优质有机肥料使用，对改善农田土壤团粒结构，提高农作物产量极为有利。

菇菌产品，既可丰富人们的生活，又可出口创汇，社会效益和经济效益十分显著。

菇菌生产，虽在我国有一定的历史，但不少人尤其是新菇农仍然缺乏相应的技术，迫切需要一些新的技术资料。为满足这部分菇农的需求，我们特组织具有实践经验的科技工作者编撰了这套丛书，一共6分册，分册名如下：

《金针菇·鲍鱼菇·秀珍菇》

《竹　荪·松　茸·口　蘑》

《真姬菇·姬松茸·杨树菇》

《鸡腿蘑·鸡㙡菌·羊肚菌》

《姬　菇·金顶蘑·红侧耳》

《虫　草·蛹虫草·灰树花》

这套丛书最大的特色是"名贵"与"珍稀"。因为只有"名贵"，才能历久不衰，畅销国内外市场；只有"珍稀"，才能占领国际市场的一席之地。因此，丛书中所选品种是近年来从国外引进或我国科技工作者对野生菇菌进行驯化成功的新品种，并已取得较为成熟的栽培经验，如姬松茸、灰树花等,因其珍稀而入选。

这套丛书的编著者还十分注意一个"新"字,即菇菌生产中的新原料、新配方、新的栽培方式等。旨在对传统的培养料、栽培技术有所突破,从而拓宽菇菌生产的空间,以利菇菌产业更好地向前发展。

书中插图较多,除了各菌的黑白形态图外,还有菌种制作、栽培式样等操作方面的示意图,有很强的直观性,很适合广大新菇农参考使用。

这套丛书在结构体例上较同类书籍有所创新,主要有以下几点:

1. 书名新颖。每册书从书名一看,便可知道其中的品种,便于菇农选择购买适合自己的书。

2. 短小精练。没有过多的理论阐述,多为实用技术,通俗易懂,实用性和可操作性很强。

3. 食药兼备。每册书里既有可供食用的菇菌品种,也有可作药用的菇菌。一册在手,任你选用。

4. 栽培技术新。书中的多数品种,除了介绍常规栽培技术外,还介绍了众多较为新颖的"优化栽培新法",各地菇农可根据当地特点,因地制宜择优使用。

5. 覆盖面广。书中所选栽培新品种和栽培模式,涉及东至上海、西到西藏、南至海南、北抵黑龙江的广大平原山区、湖区草原和热带寒带等广阔区域,全国各地可因地制宜加以选用。

以上既是这套丛书的特色也是它的"亮点",深信广大菇农会喜欢它的。

这套丛书的出版,得到了湖北农学院经济技术开发处原副主任、京山县微生物站原站长、荆州市荆州区应用科学技术研究所原所长、惠福商贸有限公司董事长曾祥华先生的大力支持,特此致谢!

让我们一齐奋斗,在菇菌产业这块宝地上为建设小康社会和社会主义新农村作出应有的贡献!

严泽湘

2013 年 3 月于荆州古城

前　言

真姬菇又名玉蕈，该菇形态美观、质地脆嫩、营养丰富、味道鲜美，故有“闻则松茸、食则玉蕈”的美誉。近年来风靡日本及欧美地区，深受消费者青睐，价格坚挺，国内市场鲜菇价 20～25 元/千克，出口价盐渍品 9500～10000 元/吨，经济效益可观，亟须大力发展生产。

姬松茸又名巴西蘑菇，是我国近年来从巴西引进的一个新品种，现在黑龙江、吉林等地有少量栽培。

该菇营养丰富，并具很高药用价值，其子实体提取物对小白鼠肉瘤 S－180 的抑制率高达 91.8%，对艾氏腹水癌抑制率达 70%。因此，姬松茸被称为“菌类之王”，日本医学界称其为“地球上最后的食品”。价格十分坚挺，国内市场价干品 150～180 元/千克，出口价 3 万美元/吨，经济效益十分可观，具有良好的开发前景。

杨树菇盖肥柄脆，营养丰富，味道鲜美，香味浓郁，并具有很高的药用价值，其子实体热水提取物对小白鼠肉瘤 S－180 和艾氏腹水癌抑制率分别达 90%和 80%，是一种食药兼优的菇类，很受欧美、东南亚等地消费者欢迎，具有广阔的市场开发前景，值得积极发展生产。

所附田头菇、白灵菇、大榆蘑、虎奶菇亦属珍稀品种，具有良好的开发价值，可以大力发展生产。

此书在编写时，参考和吸取了前人书刊中的部分资料，特在此表示衷心感谢！不妥之处，恳请批评赐教！

编著者

2013 年 3 月

目　录

第一章　真姬菇

一、概述

真姬菇又名玉蕈,为担子菌纲、伞菌目、白蘑科、离褶菌属菌类。是近年来风靡日本市场,深受消费者青睐的食用菌珍品。该菇形态美观,质地脆嫩,味道鲜美。在日本,人们常把它与珍贵的松茸相提并论,被冠以“假松茸”、“蟹味菇”之称,并享有“闻则松茸,食则玉蕈”之誉。

真姬菇主要自然分布在日本、欧洲、北美、西伯利亚等地。真姬菇价格较贵,国内市场鲜菇售价 20～25 元/千克,出口价盐渍品 9500～10000 元/吨。每投料 1000 千克,除去成本可获利 2000 多元。经济效益十分可观。

真姬菇的人工栽培始于 20 世纪 70 年代初期,由日本的宝酒造首先人工驯化栽培成功,并取得专利。目前该菇主要产区在日本东北部的长野、青森、奈良等地。菇农以木屑、米糠为原料,采用较先进的机械化操作,在全人工控制条件下周年栽培。产品主要以鲜品上市,每千克价格 800～1000 日元。由于市场销路好,价格高,近年来日本栽培玉蕈的菇农急剧增加,栽培规模和产量每年都成倍增长,发展速度和该产品在市场上的竞争能力都超过了其他菇类。成为日本第四大宗人工栽培的菇类。

我国是在 1986 年 3 月,由中国土畜产品进口公司大连分公司通过日本的岩答产业(株)引进玉蕈的纯菌种。之后日商又把该菇的菌种引入山西、河南、福建等省,并试图在我国发展出口玉蕈的商品生产基地。现在山西晋南的永济、运城、万荣、洪洞等县市得到了大面积的推广应用,取得了较好的经济和社会效益,填补了我国真姬菇大面积商品化生产的空白。目前,山西晋南地区的真姬菇生产已初具规模,形成了我国第一个,也是唯一的一个出口产品基地。

真姬菇营养成分很高,据分析,每100克鲜菇含水89克,粗蛋白3.22克,粗脂肪0.22克,粗纤维1.68克,碳水化合物4.56克,灰分1.32克;含磷130毫克,铁14.67毫克,锌6.73毫克,钙7.0毫克,钾316.9毫克,钠49.2毫克;含维生素B_1 0.64毫克,维生素B_2 5.84毫克,维生素B_6 186.99毫克,维生素C 13.80毫克;蛋白质中含有17种氨基酸,占鲜重的2.766%,其中人体必需的氨基酸有7种,占氨基酸总量的36.82%。

真姬菇药用功能很强,它含有数种多糖体,具有防癌抗癌等多种药用价值。

二、形态特性

1. 子实体形态特征

子实体丛生。菇盖初为半球形,随着增长逐渐展开,老熟时菇盖中心下凹,边缘向上翘起。菌盖直径2~10厘米;幼时呈深赭石色或黑褐色,盖面具有明显斑纹,长大后呈灰褐至黄色,从中央至边缘色渐趋浅淡;菌肉白色,质硬而脆,致密;菌褶弯生,有时略直生,密,不等长,白色至淡奶油色;菌柄中生,圆柱形,高3~10厘米,粗2~8毫米,白至灰白色,中实,脆骨质,心部为肉质,幼时下部明显膨大;孢子印白色;孢子无色,卵球形,光滑,直径4~6微米。(图1-1)

2. 菌丝体形态特征

真姬菇的菌丝体接在斜面培养基上,培养时为浓白色,菌落边缘呈整齐绒毛状,排列紧密,气生菌丝旺盛,爬壁力强,老熟后呈浅土灰色。菌丝直径4~8微米,具明显的锁状联合。培养条件适宜时,日伸长3.5毫米;条件不适时,生长速度明显减慢,且易产生大量分生孢子,在远离菌落的地方出现许多呈芒状的小菌落,培养时不易形成子实体。用木屑或棉子壳等固体培养基培养,菌丝也呈浓白色,有较强的分解纤维和木质素能力,生长健壮,抗逆性强,不易衰老,在自然气温条件下避光保存一年后,扩大培养仍可萌动,并有直接结实能力。

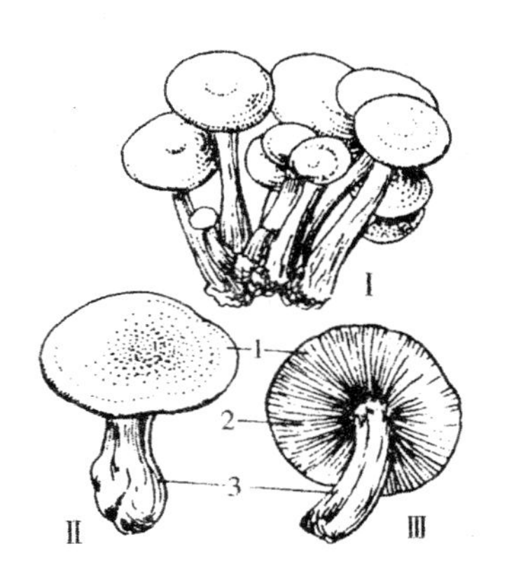

Ⅰ. 整丛子实体　Ⅱ. 子实体正面

Ⅲ. 子实体背面

1. 菌盖　2. 菌褶　3. 菌柄

图 1－1　真姬菇

(引自李志超等,1993)

3. 子实体发育过程

根据子实体不同发育阶段的形态特征,可将其分为转色期、菌芽期、显白期、成盖期、伸展期和老熟期。

(1)转色期　真姬菇菌丝体长满培养容器达生理成熟后才具结实能力,此时容器中的培养物由纯白色转至灰色。子实体分化前,先在培养料表面出现一薄层瓦灰色或土灰色短绒。根据这种短绒出现的时间、长相和色泽,可判断子实体分化的迟早、分化密度及子实体长大后的色泽和品质,在适宜条件下此期历时 3 ~ 4 天。

(2)菌芽期　培养料面转色后 3 ~ 4 天,在短绒层菌丝开始扭结成疣状凸起,进而发育成瓦灰色针头状菌芽,在适宜条件下培养2～3天,长至0.5～1厘米时便进入显白生育期。但在高温或通气不良,光线不足的条件下,菌芽可长至10厘米以上,且可维持1至数月而不死,再遇适宜条件仍能恢复其正常发育能力。

(3)显白期　随着菌芽的生长在其尖端即出现一小白点,逐渐长大成直径1～3毫米的圆形白色平面,此为初生菇盖,这个生育阶段称为显白期。

(4)成盖期　初生菌盖经2～3天的生长发育,平面开始凸起,颜色也开始转深,3～4天后形成完整的菇盖,此时盖径3～5毫米,深赭石色,边缘常密布小水珠,盖顶端开始出现网状斑纹,菇柄开始伸长、增粗。

(5)伸展期　菇盖形成后生长速度加快,菇盖迅速平展、加厚,盖缘的小珠逐渐消失,盖色随直径增大而变浅,菇柄也迅速伸长、加粗,代谢旺盛。因此,此阶段对培养条件的反应较为敏感,若管理不当,往往会出现大脚菇(菌柄基部膨大)、菇盖畸形(盖面凹凸不平或呈马鞍状等)、二次分化(菇上长菇)、菇柄徒长,盖发育不良、黄斑菇(盖面局部发黄)、黄化菇(盖褐黄至浅黄色)。

三、生长条件

1. 营养

真姬菇是一种木腐菌,分解木质素、纤维素的能力很强。在自然条件下,能在山毛榉科等阔叶树的枯木或活立木上繁殖生长,完成整个生活史。人工栽培,用纯阔叶树木屑、棉子壳、棉秆等各种作物秸秆粉碎物做培养基质,菌丝均能较好地生长,并分化发生子实体。但在实际栽培中为了提高产量和品质,仍需添加辅料,以增加培养料中的养分。据试验,用棉子壳为主料,添加黄豆粉4%～12%、麸皮或玉米面12%～18%、过磷酸钙4%～6%、过氧化钙0.1%～0.15%、石灰或石膏2%～3%,有较明显的增产作用。加入石灰还可明显加快生育过程,提早出菇,缩短生产周期。

真姬菇的菌丝体在PDA培养基上培养,菌丝长势较弱,且有较多的分生孢子产生，在远离菌落的地方可见许多呈芒状小菌落。如果加入0.1%的硫酸镁、0.2%的磷酸二氢钾和0.5%的蛋白胨或酵母膏，菌丝生长情况则可大为改观。

2. 水分

真姬菇是喜湿性菌类。培养基质内的含水量多少，不仅影响菌丝体的生长量、生理成熟的快慢，而且还影响子实体的分化发育进程、外观和营养成分的含量。子实体分化发育期间要求空间相对湿度在85%～95%，尤其是蕾期对空间湿度要求高，催蕾期间空气湿度不足，子实体难以分化，蕾期空气干燥会导致菇蕾死亡，即使成盖后若空间湿度不足，也会使生长正常的幼菇变成黄化菇。

3. 温度

真姬菇属低温结实性真菌，菌丝适宜在较高温度下（30℃左右）生长，而子实体则在相对较低温度下（25℃左右）才能发生。菌丝体对高、低温度的侵害有很强的抵抗能力，长成的菌丝培养物在-10℃～38℃的自然气温下放置1年以上，仍不失其活力和出菇能力。如低温会造成菇盖畸形、大脚菇，高温会使菇柄徒长，菌盖下垂等。

4. 酸碱度

真姬菇的菌丝体适宜在偏酸性的环境中生长，在碱性基质中生长不良，pH超过8.5，接种块便失去萌动能力。适宜的pH 5～7.5，最适5.5～6.5。由于对培养料进行高压蒸气灭菌处理，会降低培养料的pH，同时考虑到菌丝体在生长过程中会分泌一些酸性物质，因此，在栽培拌料时，应把pH调到8左右。适当调高培养料的pH还有促进菌丝体生理成熟和提早分化子实体的作用。

5. 空气

真姬菇是好气性真菌，菌丝体在密闭的容器中培养，随着菌丝量的增加容器内的二氧化碳浓度会不断积累增高，氧气含量下降，生长速度逐渐减慢，最终停止生长。在高温培养条件下，这种情况更容易发生。因此，培养菌丝体的容器不能完全密封，要留一定的空隙，并有较好的通风换气条件，这样才能保证菌丝体在整个生长期内有充足的氧气供应。良好的通风换气条件，也有利于促进菌丝体的生理成熟。在后熟培养阶段，菌丝对氧气的要求远不如培养前期那么重要，这一期间如果风量过大，反而会造成料内水分的大量蒸发，不利于子实体的正常分化发育。子实体的分化发育过程，如果空气静滞、潮湿、二氧化碳浓度过高，真姬菇的子实体生长缓慢，还常出现畸形、长柄菇。

6. 光照

真姬菇与其他食用菌一样，菌丝生长期不需要光照，直射光照会抑制其生长。子实体分化发育则需要一定光照，在黑暗条件下，即使菌丝体达生理成熟也不能分化形成子实体；已分化长出的菌芽，再放回黑暗条件下，也不能正常发育。光线不足，菌芽发生少且不整齐，菌柄徒长，菌盖小而薄，色淡品质差。适宜的光照强度为200～1400勒克斯的散射光。

四、菌种制备

（一）母种制作

1. 母种培养基

常用的母种培养基有如下几种。

①马铃薯麦粒综合培养基：马铃薯200克（去皮、煮汁），麦粒100克（煮汁），葡萄糖（或白糖）20克，磷酸二氢钾3克，硫酸镁2克，蛋白胨5克，酵母膏2克，恩肥0.1毫升，复合维生素B 10毫克，琼脂20克，加水至1000毫升，pH 7.5。

②棉子壳麦粒培养基：棉子壳100克（煮汁），麦粒100克（煮汁），葡萄糖（或白糖）20克，琼脂20克，磷酸二氢钾3克，硫酸镁2克，蛋白胨5克，复合维生素B 10毫克，加水至1000毫升，pH 7.5。

2. 配制方法

同常规。

3. 接种培养

将引进或分离的试管种，按无菌操作接入配制好的斜面培养基上，置24℃左右下培养，18天左右菌丝长满斜面，即为转培母种。

（二）原种和栽培种制备

1. 培养基配方

原种和栽培种均可选用以下配方。

①麦粒培养基：干麦粒100千克，麸皮5千克，石膏1千克，碳酸钙1千克，硫酸镁0.1千克，pH 7.5。

②棉子壳培养基：棉子壳100千克，麸皮（或玉米面）10千克，黄豆粉（或棉子仁粉）5千克，生石灰2千克，料水比1∶1.3～1.5，pH 7.5。

③高粱壳棉子壳培养基：高粱壳43千克，棉子壳43千克，麸皮10千克，石膏1千克，糖1千克，石灰1千克，过磷酸钙1千克，料水比1∶1.3～1.5，pH 7.5。

④木屑培养基：木屑75千克，麸皮22千克，白糖1千克，石膏1千克，过磷酸钙1千克，料水比1∶1.3～1.5，pH 7.5。

⑤棉子壳木屑培养基：棉子壳68千克，木屑20千克，麸皮10千克，石膏1千克，硫酸镁1千克，过磷酸钙1千克，料水比1∶1.3～1.5，pH 7.5。

2. 配制方法

同常规。

3. 装瓶（袋）灭菌

①方配方料用广口瓶或盐水瓶等容器装料，②、③、④、⑤配方料用17厘米×33厘米的塑料袋装料。

4. 接种培养

将制备的母种接入上述任一经过灭菌的配料瓶、袋中，置25℃下培养，经35～40天，当菌丝长满菌瓶、袋后即为原种和栽培种。

附：发酵料制栽培种技术

据河北省南宫市职教中心食用菌场张玉生报道，真姬菇栽培种制作至今未打破传统熟料制种模式,工艺繁琐,技术要求严密,而菇农中又存在设备简陋,技术不过关等问题。经过生产实践证明,采用具有投入少,工效高,污染低等优点的发酵料开放式制种技术,很适合菇农的操作管理粗放等实际情况。此项技术很值得推广。其具体技术要点如下。

1. 原料准备与配制

主料采用棉子壳,要求无霉变、无异味、无杂质,辅料用新鲜麸皮,优质磷酸二铵,灭菌药物采用50%多菌灵、白石灰,水最好用洁净地下水。具体配比是:棉子壳94%,麸皮2%,磷酸二铵0.3%,多菌灵0.2%,白石灰3%,水150%。

2. 建堆发酵

在水泥地面上,称取不超过400千克的棉子壳,先把麸皮与白石灰混合,再加入棉子壳之中,然后把提前溶解开的磷酸二铵与水混合,再分批均匀地加到棉子壳中,最后用人工调料或机械拌料,一直到无干料为止。建堆时为保证发酵质量,达到快速升温目的,时间选在晴天下午建堆最好,这样可以把棉子壳、水等,经日晒处理提高原料本身温度。建堆时,在水泥地面上提前放好直径8厘米左右的3~5个木棍,叠放成放射状,再把拌好的料堆上去,做成馒头形,用铁锹拍打成外实内松状态,并且用木棍在堆上每隔30厘米打一直径5厘米的通气孔,要求在地面10厘米以上部位都有通气孔,最后盖上塑料膜,堆下边还须保证能进入微量新鲜空气。

建堆后,料内嗜热微生物活动剧烈,温度很快升到50℃以上,再维持6~8小时后,进行第一次翻堆,翻堆的同时把料拌松散,堆底层和表层的料合为一处翻到堆内部,把堆内层的料放到堆外层,这样可达到均匀发酵。堆料时气温较高,苍蝇、杂菌比较多,为达灭菌杀虫的双重目的,建堆后喷50倍美帕曲星(克霉灵)和800倍敌敌畏液,再盖上塑料膜。一般整个发酵过程要3天左右才能结束,中间总共翻堆3次左右。若建堆时遇阴天,可推迟翻堆时间。发酵结束,打开塑料膜后,测量堆深30~40厘米处温度达到60℃～70℃,料表层应有一层白雪状放线菌,全堆冒热气,摊开料后,料呈红黑色,含水量适当,不发黏、有弹性、无病虫等为好。

3. 装袋接种

为保证堆料质量,免受苍蝇干扰及滋生虫卵,应选在夜晚或早晨气温较低时装袋接种,当料温降到30℃时抓紧时间装袋,不能长时间暴露料堆。所用接种袋为37厘米×14厘米聚丙烯袋。装料不能太紧,装成圆柱形。菌种用棉子壳原种,菌种播在中间及两头,共3层,并在菌种部位刺微孔,透气增氧,促发菌。所接菌种如红枣大,盖住料面,最后用编织袋绳扎住袋口,不能扎得太紧。

4. 培养发菌

选一个洁净干燥的环境,地面撒上白石灰粉,并能在白天通风的培养室进行培养。排袋培养时,最多放2～3层袋,码成井字状,每排之间留有通风道。当菌种萌发后,菌丝长到2/3位置,可松一下袋口以利透气增氧,在发菌期间,每隔7天倒一次袋,一般20天就发满袋。如无杂菌感染,即可用于生产。

五、常规栽培技术

(一)栽培季节

可分春、秋两季进行栽培,春栽3～5月进行,秋栽8～9月播种。

(二)培养料配方及配制

1. 培养料配方

(1)木屑为主的配方

①杂木屑80%,麦麸10%,玉米粉8%,蔗糖1%,石膏粉1%。

②杂木屑74%,麦麸24%,蔗糖1%,石膏粉1%。

③杂木屑55%,棉子壳29%,麦麸10%,玉米粉5%,石膏粉1%。

(2)棉子壳为主的配方

①棉子壳50%,杂木屑35%,麦麸(或米糠)14%,石膏粉1%。

②棉子壳40%,杂木屑40%,麦麸12%,玉米粉5%,蔗糖1%,碳酸钙1%,复合肥0.5%,石灰粉0.5%。

③棉子壳80%,玉米芯14%,麦麸5%,石膏粉1%。

④棉子壳78%,麦麸15%,玉米粉5%,蔗糖1%,石膏粉1%。

⑤棉子壳83%,麦麸(或玉米粉)8%,黄豆粉4%,过磷酸钙3%,石膏粉1%,石灰粉1%。

(3)其他秸秆类的配方

①甘蔗渣40%,棉子壳40%,麦麸18%,石膏粉1%,石灰粉1%。

②作物秸秆72%,麦麸15%,饼肥10%,尿素0.5%,石膏粉1%,石灰粉1.5%。

2. 配制方法

栽培者可因地制宜任选一种,按常规配制,调含水量65%~70%,pH 7.5~8。

(三)装瓶(袋)

将配好的料装在17厘米×33厘米的聚丙烯塑料袋或罐头瓶里。若用罐头瓶栽培,每瓶装干料125克左右,装好的瓶重约580克,下虚上实,用聚丙烯塑料膜封口;若用塑料袋栽培,装袋前先用绳将裁好的塑料筒膜的一头扎紧,留3厘米左右的袋头,然后从另一头装料,边装边用手指把料压实,装好的袋重1.5~1.65千克,长22厘米左右,袋面平整,松紧均匀适中。在装瓶(袋)过程中,要经常翻拌待装的培养料,使含水量保持均匀一致。

(四)灭菌

装料后要及时灭菌,高压灭菌在0.152MPa压力下保持1.5~2小时,常压灭菌在100℃保持10~12小时。

(五)接种要求

培养料经高温灭菌后,极容易感染杂菌,因此接种要在无菌条件下进行,真姬菇的子实体有先在菌种层上分化出菇的习性,这就要求种量要足,并保持有一定量的菌种铺盖在表面。为此,接种前要把菌种弄成花生仁大小的块,再接在栽培瓶(袋)的料面上,瓶栽每瓶接湿菌种 30 ~40 克,袋栽最好两头接湿菌种 50 ~80 克。菌袋扎口的松紧要适宜,以利发菌。

(六)发菌管理

根据菌丝体生长对环境条件的要求,接种后的栽培瓶(袋),应放在温度 18℃ ~28℃、空气湿度低于 70%、通风避光的室内发菌。气候适宜时,也可置在室外空地上发菌。瓶栽应用 6 行 6 层式长垛排列,袋栽采用单行或双行 4 ~5 层式长垛排列,采用井字形多层式排列更好。菌垛之间应留 40 厘米左右的人行道。菌垛的大小应根据季节和温度做相应调整,温度低时菌垛可高或可大一些,温度高时则低些或分散些,切忌大堆垛放,以免发生抑菌和烧菌现象。室外发菌,空气新鲜,昼夜温差会引起菌袋内气体的热胀冷缩,有利于菌袋内外的空气交换,但要有遮阳条件,必要时还要用薄膜或其他材料覆盖菌垛保温和防雨。

栽培用的塑料袋如果太薄,袋口又扎得过紧,发菌后期常会出现抑菌现象,即菌落前沿的棉绒状菌丝短而齐,呈线状,菌苔边厚,严重时出现黄色抑菌线,菌丝停止向前延伸,这是因袋内氧气不足,菌丝体呼吸困难所致。此时,应适当松动扎口绳,或在距菌丝前沿约 2 厘米扎孔通气,并设法降低环境温度。待菌丝发满料袋后再重新扎紧袋口,并用胶布封好口。

(七)后熟培养

利用自然温度,于春秋两季播种隔季出菇的栽培方式,要对发好的菌坯进行越季保存,也就是对其进行后熟培养,使菌丝体得到充分的生理成熟,以利出菇。

菌丝体达到充分生理成熟的外观标志是色泽由纯白色转至土黄色。生理成熟所需时间的长短,取决于后熟培养时温度、通气状况、料的 pH 和含水量、容器装料量以及光照的影响。如果温度高,通风好,料 pH 高,含水量低,有一定光照刺激,菌丝成熟的速度就快,反之所需时间就长。据试验,在 20℃ ~30℃下后熟培养,瓶栽需 40 天左右,袋栽则需 80 天以上,这种时间上的差异,主要就是由不同容器内、外气体交换的程度不同所致。瓶栽装料量少,透气性好,菌丝成熟快;袋栽装料量多,菌丝呼吸量大,袋内二氧化碳积累的浓度高,透气口又相对较小,菌丝体后熟就慢。因春秋两季播种菌丝越冬和越夏的环境气温不同,所以也应采取不同的管理方法。

(八)越夏管理

春播的菌袋(瓶)发满后,移入阴暗通风的室内进行越夏。在转移菌袋的过程中,要将松动的袋口扎紧,袋面上的孔要用透明胶纸封好。在室内排放可以相对集中,采用4行2~8层式排放。也可在室外搭棚,菌袋堆上覆草遮光保存。夏季温度高,一般不需要特别管理,菌丝体就可顺利地在8月下旬达到生理成熟。要注意的是:

(1)越夏期发现虫害,要及时喷敌敌畏杀虫,即发现菌袋内有虫斑,则用尖竹签在虫斑处插洞注3~5滴药杀灭;

(2)越夏后期菌丝体已达到生理成熟,要加覆盖物遮光,以防止提前分化长出菌芽,减少养分消耗。

(九)越冬管理

主要是解决保温问题,否则到了翌年春季菌丝体可能仍未成熟,会影响出菇。解决的方法是:前期大堆排放,并在袋堆上加厚覆盖物保温;出菇前1个月检查,如果菌丝体仍为白色,说明其生理成熟度不够,可进行人工加温,将温度控制在25℃~35℃,以加速菌丝的成熟进程。

(十)出菇管理

1. 菇房准备

可选用普通民房、窑洞、地下室或户外半地下菇房和阳畦等多种场所。普通民房,便于通风换气,温度较为稳定,但难于保温;窑洞和地下室,湿度好保持,但通风换气不方便,光照也不足;户外的半地下菇房,光照充足,保温、保湿性好,也便于通风换气,建造也比较方便,是一种较为理想的菇房形式。如果地方狭小,不便建造半地下菇棚,也可建成面积较小的深阳畦菇房。半地下菇棚的规格:东西走向,墙厚65厘米,室内宽3.5米,长不限,高1.8~2.2米(北高南低），其中地上高1.2米左右。在南北墙距地面15厘米处每隔1.5～2米开一个直径约30厘米外小里大呈喇叭状的通风口。深阳畦的规格：东西走向，边墙厚30～40厘米，内径宽1.8米，长不限，深75～85厘米（南低北高），其中地上高40厘米。建造面积以每吨干料用地25～30平方米计算，棚顶均用竹或木搭建，用双层苇箔中间夹塑膜封顶，这样便于通过揭盖最上层的苇箔来调节棚内的光照强度和温度。

2. 开口排袋

菌袋（瓶）进菇棚前，先在棚内地上每隔50厘米起一条宽22厘米、高10厘米的埂，并向空间喷雾水，使空气湿度提高到90%～95%。然后打开袋（瓶）口，搔菌和排袋。具体做法：将菌袋两头，先在地上轻揉一下，使两头的料面略呈凸起状，同时起到料面与袋膜分离的作用。解开袋口，用锯齿状小铁耙搔去料面的气生菌丝和厚菌苔，但要保留原来接种块，忌用手大块抠挖表面的培养料，然后将菌袋头向两边轻轻拉动使之自然张口，使料面处于一个湿润的小气候环境之中，菌袋排放以5～8层高为宜；栽培瓶应底相对瓶口朝外双行排放，搔菌后仍要加盖保护料面。

3. 催蕾育菇

真姬菇的菌蕾分化发育阶段对环境条件反应极为敏感，管理不当，轻则分化密度不够，菌芽长不好，重则不分化或已分化的菌芽会成批死亡。利用自然条件和简易菇棚出菇，通过保护性催蕾也可以获得满意的效果。所谓保护性催蕾，就是在开口排袋（瓶）时不急于挽起或剪去袋口薄膜或去掉瓶盖，在待出菇的料面与袋口（瓶口）之间留一个既与外界有一定的通透性又能起到缓冲作用的小空间，以抵御外界环境的剧烈变化对菌蕾可能造成的危害。催蕾期间，室内温度尽可能保持在12℃～16℃，光照强度700～1400勒克斯，空气清新、湿润，相对湿度90%～95%。经8～10天的催蕾，菌芽长出完整的菌盖后，便进入育菇管理阶段。在菌盖未接触袋头（瓶盖）前，将袋头挽起或剪去，瓶栽则去掉瓶盖，称之为二次开口，此时菇棚温度控制在10℃～18℃，湿度保持到

85% ~90%,光照可根据棚内的温度变化控制在 200 ~ 8000 勒克斯,同时加大通风换气量。

在整个出菇管理过程中,主要的工作就是控制和调节菇房内的温、湿、气、光四种气象因子,尽可能满足真姬菇子实体正常分化发育对环境条件的要求,在同一菇房内,这四种因子有着相互影响的关系。如通风时可改变菇房的温度,降低空气的相对湿度;菇棚光照度增强,棚内温度也会随之提高等。此外,菇房形式、出菇季节、地势、天气变化等因素都会影响到管理工作的效果。因此具体进行喷水、通风、加温、降温等项管理工作的时间安排和量化程度,应因地、因时制宜,灵活掌握,才能获得最佳效果。

(十一)采收与加工

1. 采收

目前我国生产的真姬菇,主要以盐渍品出口。出口产品要求菇盖色泽正常,直径在 1 ~3. 5 厘米,3. 5 厘米以上的不超过 10% 。菇盖边缘不得完全展开,因此应根据出口的规格要求进行采收,不能待子实体完全成熟后采收。采收时,在每丛菇中最大一株菌盖直径 4 厘米左右时就整丛采下,这样绝大部分的菇体在加工后都能符合要求。黄化菇一般在盖径 3 厘米左右时就会很快开伞、老熟,不能等到盖径长至 4 厘米,应在菇盖展开前,先采摘。否则就会失去商品价值。采下的菇连菇根一起单层、整丛排放在小容器中,然后端出菇棚,分株去根。鲜菇容易破碎,采菇、分株时要小心操作,轻拿轻放以免损坏菇体。

2. 盐渍加工

(1)杀青

去根、分株后的鲜菇及时进行杀青处理。杀青方法:在铝锅中加水至少 3/4 处,用旺火烧沸,将占水重 2/5 的鲜菇轻轻倒入沸水中,用铝制或竹制的笊篱轻轻地把漂在水面的菇按入水中,待水再次沸后继续煮 4 分钟左右,然后将菇捞入较大的冷水盆(或缸)中进行快速冷却。熟透的菇在冷水中会很快下沉,未下沉的菇便没有煮透,要重新再煮。煮菇量大时,冷却水会很快升温,因此要勤换冷水,最好采用二次冷却法,即将一次冷却后的菇体捞入另一冷水容器中让其快速冷却。这样有利保持菇盖、菇柄的原有色泽和达到彻底冷却的目的。

(2)盐渍

杀青后的熟菇要及时进行盐渍处理。盐渍时,菇盐比为10:4。先在缸底铺一层厚约1厘米的盐,再铺30厘米左右厚的菇,一层盐一层菇直至装满缸,最上面铺上2厘米厚的盐封口,封口盐上铺一层纱布或纱网,布上加一个竹编的盖,盖上压一块洗净的砖石,最后注入饱和盐水,使菇体完全浸没在盐水中。另外一种方法是:按比例将菇盐拌匀,混装入缸,满缸后仍如上法加盖,注饱和盐水,这样盐渍10天后倒缸一次,即将菇体翻入其他缸中继续如上法盐渍。再经10~20天盐渍,便可出缸分级包装外销。

(3)分级与包装

将盐渍好的菇,根据购销部门(或客商)的要求,剪去过长的菇柄,拣出破碎、黄白、畸形菇(这些菇可就地销售),将菇盖呈灰褐色的正品菇按菇盖直径大小分级,出口菇要求菇盖完整,灰褐色,盖缘下卷;柄长2~4厘米;白色至灰白色,中实;无破碎,无异物,无生菇,无畸形菇;盐度23波美度。根据菇盖直径大小将产品分为四级。

S级:1~2厘米;　M级:2~3厘米;　L级:3~3.5厘米;等外级:3.5厘米以上。

分级后用外销专用塑料桶包装待售或外运。

六、优化栽培新法

(一)室内高产瓶栽法

1. 栽培季节

可分春、秋两季栽培。春栽,3月中旬至5月上中旬,秋栽在8~9月播种。依据当地气候条件,可尽量适当提早,以保证在高温来临之前,给菌丝生长留有充足的时间。春播待菌丝体发菌后,菌袋要进行越夏管理,使菌丝体后熟,然后在9月中下旬至11月上中旬进行出菇管理。秋播的菌丝体发育期正处于低温时期,生长较慢,要进行越冬管理。

2. 栽培方法

(1)培养料配方　常用的栽培料配方有如下几种。

①棉子壳100千克,麸皮(或玉米面、米糠)8~10千克,黄豆粉3~5千克,石灰2千克,过磷酸钙3~4千克,水140~160千克,pH 7.5~8。

②阔叶树木屑100千克,麸皮12千克,黄豆粉3~5千克,石灰1千克,过磷酸钙3千克,水120~130千克,pH 7.5~8。

③木屑40千克,棉子壳40千克,麸皮13千克,玉米粉5千克,糖1千克,石膏1千克,水110~120千克,pH 自然。

④棉子壳78千克,麸皮15千克,玉米粉5千克,糖1千克,石膏1千克,水110~120千克,pH 自然。

⑤棉子壳43千克,高粱壳43千克,麸皮10千克,糖1千克,石膏1千克,石灰1千克,过磷酸钙1千克,水110~120千克,pH自然。

⑥鲜酒糟76千克,棉子壳20千克,石膏1千克,石灰2千克,过磷酸钙1千克,硫酸镁0.1千克,水适量,pH 7.5。

(2)配料装瓶

任选上述配方一种,按常规配制,装入罐头瓶中(也可装入塑料袋中进行袋栽),瓶的口径为54~58毫米,容量800~850毫升(由聚丙烯料制成),每瓶装料500克左右,上面要装成中间高四周低的馒头状,以利增加出菇面积,形成更多子实体。装瓶后用牛皮纸加瓦楞纸封口。

(3)灭菌接种

装瓶后,采用高压灭菌,115℃~120℃灭菌1小时;常压灭菌要求达98℃以上保持4.5小时。待料温自然下降至60℃以下时出锅,将料瓶放入冷却室或接种室进行冷却,室内需装除菌过滤器。接种室于进瓶前,先清扫并打开紫外线灯消毒,再通过超净过滤器吸入无菌空气。在接种过程中全自动接种机的接种部分要经常喷70%酒精消毒,菌种瓶要先经酒精擦拭后,在酒精灯火焰控制下开盖,将表层老菌种挖掉后,再将菌种接入培养基。

(4)发菌管理

接种后马上将菌瓶移入发菌室,室温保持在20℃~23℃,空气湿度在65%~70%。经30~35天菌丝可长满瓶,然后移入菌丝成熟室继续培养。此时要将温度调到25℃~27℃,空气湿度提高到70%~75%,每天通风数次,并给予少量光照,经30~40天培养,菌丝就达到生理成熟了。

(5)搔菌和注水

菌丝成熟后,用搔菌工具(图1-2)把菌瓶表面搔松,以利原基从残留的老菌种块上长出,这样做可出菇早,且菇丛弯曲,很像野生的离褶伞菌,很受消费者欢迎。

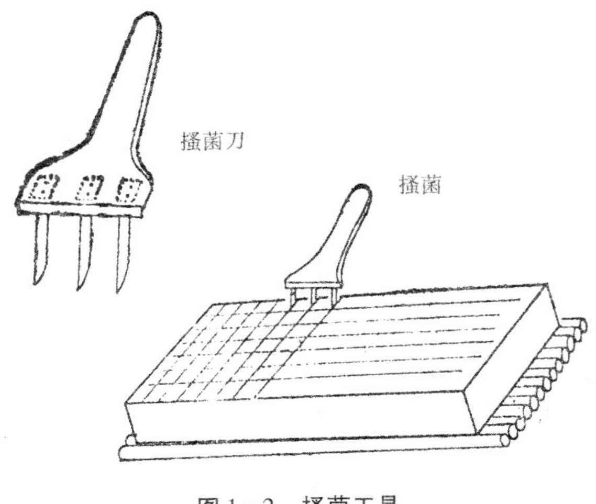

图1-2　搔菌工具

搔菌后要给菌瓶注入清水,注水3~5小时后再将余水倒出,以湿润培养基表面,有利原基形成。

(6)催蕾

注水后,调温到13℃~16℃,并用超声波和加湿机把空气湿度调到90%~95%,光照50~100勒克斯,且要光照均匀。打开电风扇排气,使二氧化碳浓度降到0.4%以下。将瓶口盖上报纸或有孔薄膜保湿。12天后,当针状菌蕾分化出菌盖时,揭去覆盖物,移入育菇室出菇。

(7)育菇

为了培育出优质菇,将育菇室的温度调至14℃~15℃,湿度控制在85%~90%,光照250~500勒克斯,每天照射10~15小时。并可吹微风抑制子实体徒长。

(8)采收

菌瓶移入育菇室13~15天,当子实体菌盖达2~4厘米时便可采收。采收前半小时喷一次轻水,以增强菇体韧性,防止菌盖破裂。采收时一手按住菌柄基部培养料,一手捏住菌柄轻轻将菇体整丛摘下。采下的菇可就近鲜销,也可盐渍出口。

(9)采后管理

采收一潮菇后,及时清除瓶内残留的菌柄、碎片及死菇,轻喷水一次,用塑膜覆盖菌瓶口,再行催蕾管理。经15天左右,又有新的菇蕾出现。每瓶可先后采收100~120克优质菇。真姬菇生物学效率一般在80%左右,高的可达100%以上。

(二)室内高产袋栽法

真姬菇在室内进行袋栽,便于管理,环境条件适宜,可获得较高产量。其技术要求如下。

1. 栽培季节

长江流域一带的栽培应于8月中下旬接种制菌袋,10月中旬后开始出菇较好,此时自然温度由高到低,正适合真姬菇生长发育。若采用室外拱棚栽培,还可相应推迟制作菌袋,以免受高温影响不利发菌和出菇。据试验,真姬菇也可冬春培菌,菌筒(袋)越夏,秋季出菇;或秋冬播种越冬后,在春季出一潮菇,越夏后,再出一潮秋菇。

2. 培养料配方及配制

（1）培养料配方

①棉子壳 93%，麸皮（或米糠）5%，过磷酸钙和石膏粉各 1%。

②棉子壳 40%，木屑 40%，麸皮 18%，过磷酸钙和石膏粉各 1%。

③稻草粉和切碎的短稻草 75% ~80%，麸皮 20% ~25%（或尿素 2% ~5%），过磷酸钙和石膏粉各 1%。

④锯木屑 75%，麸皮 20% ~23%，磷肥和石膏粉各 1.5% ~2%。

（2）培养料配制

不论选用哪种培养料，都要新鲜、干净、无霉变、无病虫杂菌滋生。配料时将主料浸透水，然后加入辅料充分拌匀，用 1% 的石灰水调节酸碱度，使 pH 为 7 左右，使含水量达 65% 左右。

3. 装袋灭菌

采用 17 厘米 ×34 厘米的聚丙烯高压塑料袋装料，每袋装干料 0.7 ~1 千克，按常规法灭菌。

4. 接种发菌

灭菌后的菌袋置接种室冷却至 24℃后，在无菌操作下接种，采用两头接种法，以利菌丝迅速长满袋料。接种后将菌袋移至培养室发菌。培养室温度保持在 20℃ ~24℃，遮光培养。菌袋单排堆放，每排高 8 ~10 层（袋），两排之间隔 5 ~8 厘米空隙。发菌阶段室内少通风，以菇房内不感到气闷为宜。一般经过 35 ~40 天培养，菌丝即可长满菌袋。若温度偏低，发菌时间则相应推迟。发菌期的室内相对湿度应在 65% ~70%。发菌期内，要经常检查菌袋中有无杂菌感染，发现杂菌感染应及时剔除，防止扩散蔓延。

5. 出菇管理

菌袋长满菌丝并达到生理成熟时，菌丝由灰白色变成浓白色，菌丝开始扭结并有黄色分泌物溢出时为出菇征兆。此时要将菌袋口打开进行“搔菌”处理，用搔菌耙轻轻地在料面耙一耙，去掉耙起来的老菌皮，以便顺利出菇。“搔菌”后将菌袋置于12℃～15℃的菇房，室内要有一定的散射光，以促使子实体尽快分化。子实体分化形成时，空气相对湿度要保持在85%～90%。一般经过5～7天，料面开始形成雪白的米粒状菌蕾，然后伸长呈针状，并转为浅灰色，逐渐长大的顶端形成球形菌盖并变为灰褐色。此时要剪去塑料袋口（或脱袋后采用薄膜覆盖），使小菌蕾暴露出来。同时要提高室内空气相对湿度，使湿度达90%～95%，温度保持在12℃～15℃。针状菌蕾出现后，温度不能超过16℃，湿度不能低于90%。喷水时不要直接喷到菌袋上，只能向地面、空间或四壁喷雾，否则已形成的菌蕾会萎缩死亡。出菇期要经常开窗通风，每天换气3～4次保持室内空气新鲜，防止畸形菇产生而降低商品价值。

6. 采收与采后管理

真姬菇从子实体出现到发育成熟需经15～18天，温度偏低时生长时间相应推迟。真姬菇为丛生状，每丛可长30～50个大小不等的子实体，当其中最大的一个菌盖直径有4厘米时，应整丛菇采下。采前要喷水增湿，以增强子实体的韧性而避免破碎。采收时动作要轻，一手按住菌柄下的培养料，一手轻拔菇体，以免损伤菌丝影响下茬出菇。

头茬菇采后应除去菌袋表面残留的菇根和死菇等杂质，喷足水分，用塑膜覆盖好，以利养菌。然后再按常规管理出菇，一般可采3～4茬菇，生物效率可达100%以上。

（三）室外双棚袋栽法

据福建省农科院植保所李开本等（1998）报道，在室外双棚大面积栽培真姬菇可获得较高产量。现将主要栽培技术介绍如下。

1. 栽培季节

由于真姬菇为低温型菇类，出菇季节在深秋至春季较适宜，所以南方地区必须在9月份开始生产菌袋，在12月下旬至次年3

月中旬室外排场出菇较好。北方地区可提前和推迟一个月进行生产。

2. 培养料配制

(1)培养料配方

阔叶树木屑75%,麦麸15%,玉米面3%,黄豆粉3%,石膏2%,石灰1%,蔗糖1%;另加磷酸氢二钾0.2%,硫酸镁0.1%。

(2)配制方法

先将木屑、麦麸、玉米面和黄豆粉按比例称量后,倒在水泥场上混匀,而后将石膏、石灰、蔗糖和磷酸氢二钾、硫酸镁溶于适量的清水中搅匀。再将此溶液与上述主料调配,使培养料含水量在65%~70%,pH调至6.5~7.0即可。

3. 装袋灭菌

采用17厘米×30厘米耐压塑料袋装料,每袋装料约400克,高压灭菌122℃,3~4小时;或常压灭菌100℃,保持8~10小时。

4. 接种与培菌

(1)接种

培养料灭菌后冷却至25℃以下按无菌操作接种,接种前,接种箱或接种室应彻底消毒。真姬菇的接种量应多一些,大约每瓶栽培种可接30袋为宜。

(2)培菌管理

由于发菌期间正值高温季节,因此发菌室应选在阴凉干燥地方,以双袋背靠成条堆放,每条堆高7~8层,待发菌半袋时,进行翻堆,先后翻2~3次;用排气扇进行短时间换气通风,降低二氧化碳浓度,有利发菌。一般经过45~55天后,菌丝可长满袋。当菌丝达到生理成熟,菌丝体由浅灰色变成浓白色,培养料已成整块状,菌丝开始扭结时转入出菇管理。

5. 双棚的搭建

选择地下水位较高的田块,除草整地后,搭草棚,棚宽2.5米,分2畦,上部再搭塑料拱棚,高度为2.2米,草棚与塑料棚组成覆式大棚(双棚,图1-3)。菌袋采用畦面排场或搭双层架排场出菇。也可在室内排袋或上架出菇。

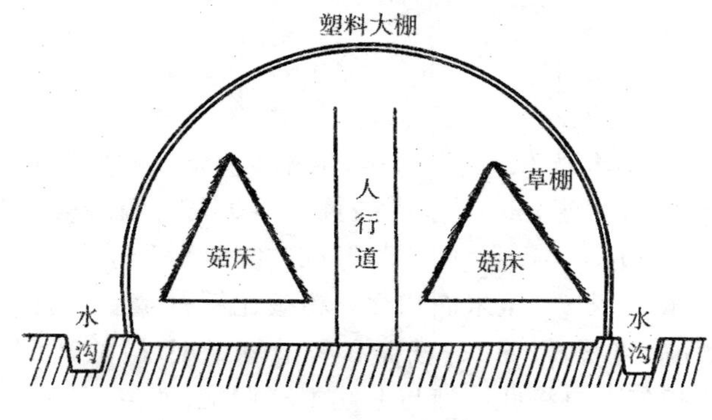

图1－3 覆式大棚

6. 出菇管理

当菌袋菌丝体开始出现扭结时，打开菌袋，往菌袋内注入清水，静放3～4小时后，再把水倒出，然后排场。用地膜或湿报纸覆盖菌袋，保湿催蕾。温度控制在14℃～16℃。经过3～4小时后菌袋发生二次发菌时，去掉覆盖物，适当通风，降低二氧化碳浓度，增加透光度，促进原基分化。当菌袋表面形成密密的许多针状菌蕾时，用铁丝耙将菌袋四周的原基轻轻地刮掉，留下直径5～6厘米的一块中央原基。保证这些子实体能获得充分的营养，促进生长整齐。此期间温度应保持在18℃以下，超过20℃影响子实体生长。空间湿度应保持在85%～90%，采用地面倒水和空间喷雾方法，增加空间湿度。但不能直接向菌蕾喷水，否则易造成烂蕾。

7. 采收及采后管理

（1）采收　真姬菇自针状子实体形成到采收需15～18天，真姬菇为丛生，每丛可长菇15～20朵，当其中最大一朵菌盖有3.5厘米时，应将整丛菇全部采下，采后逐丛排放于筐内，取回分朵用利刀削去菇脚及杂物，菇柄长5厘米即可。然后按菌盖大小分级包装（分级标准如前所述）外销。

(2)采收后管理　头潮菇采收后应及时去除残留的菌根和死菇，挖去表层1厘米厚的培养料，喷足水分后，用塑料膜覆盖好菌袋，让菌丝体充分恢复发菌，然后转入第二潮出菇管理，必要时可增喷N、P、K(即氮、磷、钾)合成营养液增加营养。一般可采收三潮菇，生物效率达80%以上。

(四)工厂化栽培法

1. 菇房设施配套

菇房建造视生产规模而定，如果设计日产真姬菇5吨的企业，按每袋产商品菇250克计算，每日需有2万个菌袋进入采收期。而菌袋培养周期需100天，转入出菇仅有30天。为使发菌与出菇不间断连接，这就需要建造每间能容2万袋的发菌室100间，同时配套出菇房30间。

工厂化周年生产的关键，是菇房制冷设施的安装。制冷设施要按实际菇房的空间容量，配备制冷机组或大功率空调。一般70～150立方米的菇房，需选用1500～2000瓦的制冷机组，还需配备换风扇、增湿机等设备。为了达到菇房保温的效果，菇房四周可用10厘米厚泡沫板贴墙，外加彩钢板或采用10厘米厚三合板贴墙，然后装钉木线条，空隙装入细杉木屑。出菇架要离房顶20厘米，出菇架一般为4～5层，层高50～55厘米。每架底面上安装红外线灯管若干支，菇房走道上方安装一盏白炽灯，有利于长菇均匀与菇柄肥长、整齐。

2. 菌袋生产

工厂化生产菌袋，应采取自动化冲压机，装料时打孔，插入大小相应的塑料管，方便料袋灭菌后接种。栽培袋用17厘米×35厘米成型折角袋，装料高度16～17厘米，袋口套环加棉塞。用钢板焊制成常压灭菌柜或钢板锅大型灭菌灶，每灶容量2万～2.5万袋。

从现有进入工厂化生产的企业来看，常因菌袋成品率低，增加了成本，致使企业生存受到威胁。提高菌袋成品率，关键在于料袋灭菌要彻底，容量1万袋以上的灭菌灶，上100℃后保持36

小时;接种室严格消毒,接种采用层流式超净操作台,严格执行无菌操作;发菌培养防高温,防潮湿,避光线,勤检查,及时处理杂菌污染袋;每个环节严格把关。

3. 适期搔菌催蕾

搔菌催蕾是工厂化生产的关键技术。有的工厂往往由于搔菌时机掌握不准,搔菌太早,虽长菇,但产量与菇质差;有的工厂错过搔菌佳期,加之操作欠妥,管理失控,引起烂蕾。因此,搔菌的关键在于掌握菌丝生理成熟度。菌袋成熟标志:一是菌龄,一般工厂化生产人为控温条件下,培养至生理成熟其菌龄90~100天;二是外表,菌袋壁面起皱,有少许皱纹出现;三是基质,手捏菌袋略有松软感。达到上述标准即可进行搔菌催蕾。搔菌催蕾技术如下。

第一,搔菌方法。将接种耙伸入袋内,挖掉原接种块,并搔除周围薄菌被即可。搔菌能促进一次性整齐出菇,且菇体粗壮有力,能产出更多的优质商品菇。

第二,低温刺激。搔菌后菇房内温度调整在10℃左右,进行低温刺激,使每个菌袋在同一时间受冷刺激,同一时期长出粗壮菇蕾。低温刺激时应区别菌袋情况摆放,冷库内的上、下层架间,一般有3℃~4℃的温差,为节省能源与库房空间,需催蕾的菌袋可放在底层床架。而中、上层的床架,可以摆放已现蕾的菌袋。

第三,保湿控光。冷库内的冷风机与排气扇工作时,易造成菌袋表面失水,可在菌袋表面覆盖湿无纺布保持菌袋的湿度。袋内不能有积水,但地面上一定要有淤水,以保持菇房内空气相对湿度。同时,增强出菇房光照强度,70立方米容积的出菇房要安装1盏40瓦日光灯,开灯10小时,促进原基发生,并分化菇蕾。

4. 出菇管理

催蕾结束进入子实体生长发育阶段,管理上掌握好以下"四关"。

(1)恒定适温　长菇阶段应将库房内温度调节至15℃~18℃,以促进子实体加快发育。一般来说,从开袋搔菌后到现蕾需10～15天。

(2)控制湿度　出菇期间房内空气相对湿度保持在90%～95%。采用往地面喷水与菌袋表面覆盖湿无纺布的方法，基本能达到所需的空气相对湿度要求。喷水要随着气候变化，做到少喷勤喷，干燥天多喷勤喷，雨季空间湿度大少喷或不喷。

(3)调节通风　真姬菇比较耐二氧化碳，出菇期不必常开排气扇，只需在白天进冷库喷水作业时，将库房门与缓冲室的门打开通风即可。

(4)光线处理　70立方米容积的出菇房，要安装一盏40瓦日光灯和在每个架层下面安装几支红外线灯管。幼菇期5～7天每天打开日光灯5～6小时，即可满足库房内的照明需要。日光灯能促使上、下床架菌袋受光均匀。子实体进入发育期应采取红色灯光照射，并采用间歇光照法，有利于菌柄抽长，抑制菇盖开伞。白天进入库房操作时打开红灯即可。

5. 节能降成本

工厂化周年制栽培产品能均衡满足市场需求，是食用菌生产的方向。但是电能消耗是冷库反季节栽培的主要支出项目，节约用电是增加冷库反季节栽培真姬菇效益最有效途径之一。这就要求：一要做好库房内外的隔热措施；二要设立缓冲室，减少冷气散发；三要选择夜间开冷气机降温，避开用电高峰期，多方降低电价开支；四要在开冷气机之前，往地面喷冷水能有效地降温，减少电能消耗。

6. 适时采收

菇蕾发生后15天左右，子实体即可成熟。因菌袋多，要及时采收。采收后继续按上述要求管理，一般可采2～3潮菇。

(五)日本栽培法

日本对该菇的研究、生产起步较早，从培养料的选择与调配，装料灭菌与接种，培菌催蕾与出菇等各个环节都取得了十分丰富的经验，并已实行机械化、工厂化、规模化、商业化生产，很多经验和技术值得我们借鉴和学习。为加快我国真姬菇发展速度，特将有关关键技术介绍如下,供各地菇农参考和使用。

真姬菇是栽培期较长的食用菌,需要 90 ~ 110 天,因管理的差异,极大地影响到真姬菇栽培的好坏。真姬菇子实体发生,由于受母种,特别是栽培种的成熟度(母种的状态)影响,因此,菌种质量和选择要特别细心。

1. 生产工艺流程

培养料(原辅料)选择→培养基制作→装瓶→灭菌→接种→发菌→搔菌→催蕾→出菇→采收→加工

2. 具体栽培技术

(1)培养基的选择及配制

①原辅材料选择

木屑:培养基原料基本上使用山毛榉(水青岗)、苞栎、天师栗(七叶树)等阔叶树的木屑。采用柳杉、松树等的木屑也可以栽培真姬菇。单独用针叶树的木屑栽培真姬菇时,应注意木屑堆积发酵的程度和木屑粗细及注意辅料(营养剂)的种类和用量。

针叶树的木屑最少需堆积六个月,偶尔进行喷水和翻堆,这样做不仅可以把木屑中所含的阻碍真姬菇菌丝生长的成分——多元酚和树脂成分溶出、去除,而且可使木屑(木材)细胞壁内保持大量水分(菌丝易利用状态的水),确保真姬菇培养料中有充足的空隙。阔叶树的木屑如果长期堆积在屋外,则会发生分解、腐朽,就不适合作为真姬菇的培养基原料。因此,必须搭棚,不要让木屑淋雨。一般来说,都把阔叶树木屑和针叶树木屑混合起来用,大约在 15 年前,从阔叶树木屑:针叶树木屑2 ~ 3:1变为现在的阔叶树木屑:针叶树木屑1:2 ~ 3。现在,已变成不用阔叶树木屑来制作真姬菇培养基了。这并不是仅仅由于阔叶树木屑的价格猛涨所致,而是由于开发出了各种各样的辅料(营养添加剂)。

木屑的粗细在确保培养基的空隙度方面是极重要的。细的木屑降低了培养基的空隙,致使真姬菇菌丝生长缓慢,同时也推迟了菌丝生理成熟期,也影响到菇蕾发生和子实体的成长,木屑过粗,培养基的持水力差,培养基容易干,为此,粗细木屑要搭配使用。

②辅料(即营养添加剂):几乎所有食用菌都是吸收糖质、蛋白质、脂肪、氨基酸、维生素、无机质等生长发育的。为此可以从含有这些成分的米糠、麸皮、玉米糠、大豆皮、砻糠、高粱、啤酒酵母粉等辅料选几种混合使用。这些辅料混合比单独使用有明显的增产效果。据寺下等人报道,对真姬菇的营养生长来说,葡萄糖(海藻糖)、淀粉、木糖、麦芽糖,对菌丝生长比较好。作为氮源,马铃薯提取液(200 克马铃薯/1000 毫升水)啤酒酵母粉最好。

(2)培养基的组成

在 850 毫升的栽培瓶中,木屑适量,单用米糠 100 ~ 105 克,或和麸皮合并使用,米糠 70 克,加麸皮 30 ~ 35 克,培养基的含水量在 63% ~65% 。

(3)搅拌装料

把原料倒入搅拌机,用木屑时,先将木屑在用前一日投入,其他材料在装瓶的当天投入为好。倒入的木屑、玉米芯粉和营养添加剂"干料"先拌均匀,加水时按前述的每瓶需水量来确定加水量。加水后再搅拌。由于搅拌机的大小和容量不同,搅拌时间也不同,干拌约 30 分钟,从加水到装瓶约需时 60 分钟为适宜。长时间搅拌(也含装瓶时间,装瓶机、链式传送带等的维修)因培养基发酵而产生有害物质,pH 会急剧下降,是真姬菇菌丝生成缓慢的原因。特别是在夏季等高温时,必须注意培养基的搅拌,要尽可能在短时间内充分拌匀。

水分调节是很重要的。因此,要很慎重地进行调节。装料量 850 毫升的塑料瓶,培养料含水率在63% ~65% ,内容物的重量大约是 520 ~ 550 克。装多少料,也因培养基原材料的不同和培养基的组成而有明显的差异。要注意装料时的松紧度,以保持料内有一定的孔隙。再者,在一个周转筐中每一瓶的装料重量要大体相同,必须把装瓶机的装料嘴调节到开接种洞穴时完全到达瓶底的高度。菌床(培养基料面)离瓶口 15 毫米的程度,不要太深(指装入量太少)较好。另外,培养料不要装得高低不平。

培养基的物理性质,对真姬菇菌丝生长有很大的影响。培养基装到瓶肩没有孔隙而稍微松软一些更好。瓶肩处留有空隙,菌丝培养后期,会在瓶肩处出菇,成为真姬菇产量降低的原因。装得很紧,菌丝生长明显缓慢。

装料后,要用中间凹下去的专用塑料瓶盖,先把菌种压下去再盖上。塑料盖的通气性是很重要的,通气孔的面积扩大,瓶盖和瓶子嵌合很松(盖不紧),易使菌种部分干掉和发生杂菌污染。通气性不好的盖子,会使真姬菇菌丝生长缓慢。塑料盖的通气性因使用频度而发生变化,所以要定期更换氨基甲酸乙酯泡沫和清扫通气孔。

3. 灭菌、冷却

灭菌不仅具有能杀死霉菌和细菌的作用,也有通过加热、加压把培养基变成菌丝易分解和吸收的状态的作用。灭菌的温度和灭菌的程度因灭菌锅的样式和大小、加热方式而异。

(1)高压灭菌

①用蒸汽量最大进行高压灭菌,用减压阀调节。用锅炉时,必须注意灭菌状态的变化。

②使全部栽培瓶内的温度达到100℃以上,需5小时以上。

③加压,最高温度达到118℃,加压时间30分钟以上。要注意调节不使塑料瓶变形。

④通过调节灭菌锅的冷却速度,使之保持在118℃。常压灭菌的瓶内温度在98℃以上保持5小时以上。

⑤设定排气开始时灭菌锅内的温度降到106℃。

排气后,锅内压力与外界压力平衡之后,随着锅内温度的降低,会出现负压,倒吸空气。出锅时也同样发生空气倒吸现象,所以,当锅内温度到100℃时要立刻打开排气阀。再者,作业场和冷却室被污染或污染的空气,特别是含耐热细菌的芽孢的空气被吸入瓶内,会引起真姬菇菌丝生长停止。在高压灭菌锅吸气口上安装HEPA过滤器和在无菌室安装过滤通风装置,冷却室也安空气过滤器和无菌的通风装置等进行充分的空气除菌是非常必要的。

(2)冷却　所有的栽培瓶(包括内部)都要冷却至真姬菇菌丝的

培养温度。可是,现实是周转筐互相重叠,筐周围的瓶子过分冷却的情况很多。这时,真姬菇菌丝的成活就很慢,菌丝生理成熟就受到影响。另外必须注意在瓶内30℃以上高温时接种,真姬菇菌丝的成活很缓慢,还会引起菌丝老化,这也是杂菌侵入并很快繁殖的原因。另外,通气性不好的瓶盖,冷却时瓶盖内的氨基甲酸乙酯泡沫内会凝结水珠,且不容易干,会造成通风不良,所以要准备一些备用的塑料瓶盖(灭菌过的),以便更换。

4. 接种要求

(1)严格消毒灭菌:在真姬菇栽培中,接种时只要稍有污染,在培养末期就会造成很大危害。接种工作从盖塑料瓶盖到搔菌前的作业过程中,哪怕是只有一次培养基的表面暴露在外界空气中,都会造成污染。接种室是栽培过程中最需要灭菌的。为此,必须彻底清扫室内,然后开杀菌灯,充分净化,通风口也要安装空气净化过滤装置,经常保持正压状态。接种过程中工作人员要穿专用的防尘服和帽子,不要把杂菌带入接种室。

全自动接种机的部件,要用70%的酒精喷雾、揩擦消毒,直接接触到菌种的培养皿、搔菌刀要用火焰灭菌。接种作业时,为了使作业区(部)周围的空气达到清洁干净、通风换气的单元采用下吹式(直下)。用酒精脱脂棉擦拭菌种瓶,培养基表面用火焰灭菌。然后把至瓶肩部的培养基刮去,瓶口再用酒精消毒后,倒放在无菌接种箱中。

(2)接种方法:菌种要压成馒头形,菇体才会长得漂亮。馒头形是由塑料瓶盖里侧凹下的部分压出来的,其周围的菌种也由盖子里侧轻轻压一下较好。再者,菌种块不宜太大,也不要多接菌种,否则通风受阻,菌丝生长缓慢。相反地,菌种接得太少,露出培养基表面或招至杂菌发生,或者造成菌种干掉。馒头部分形成厚厚的菌被,菇蕾就出不好。接种量以一瓶850毫升的菌种接32~42个栽培瓶为宜。

发生杂菌的菌种不能使用。用从发菌满后一周到约15天出现生理成熟的菌种作种最好。

5. 培菌管理

接种后将菌瓶移入消过毒的培养室进行发菌培养，培菌期间要根据真姬菇的生物学特性，注意以下管理。

(1)调控好温湿度

真姬菇营养菌丝生长的最适生长温度，不同品种有所不同，一般在22℃～25℃。菌丝生长最盛时，因代谢产生热量所以培养基（菌床）内部的温度比瓶子周围的温度高1.5℃～3℃。可是，由于排放栽培瓶时，后接种的，往往集中排放在一起的或放在通风差的角落等，会引起局部二氧化碳浓度过高和温度上升。而在降温和换气后，会引起菌种硬化症。因此，把发菌天数不同的菌种放在一起，分散热源，就不容易出现局部温度过高了。制冷机吹出的温度过低、制冷机开机时间过长时，菌丝感受到的实际温度会比设定的温度低。这会导致菌丝生长缓慢，而且会在培养过程中过早长出菇蕾。所以要适时调整制冷机温度，归根到底都是以栽培瓶内的温度为基准的。培养室内的相对湿度用加湿机调节到65%～80%。湿度过高，塑料瓶盖内的氨基甲酸乙酯泡沫很容易凝结水珠（结霜），这样真姬菇的菌丝就会从塑料盖的通风孔长到氨基甲酸乙酯泡沫片上造成通风不良，特别是发菌培养后半期湿度大，这种现象更加显著。

(2)适当通风

在发菌培养过程中，从瓶中排出的二氧化碳浓度，在接种后17～20天达到最高值，由于培养室的通风性差和二氧化碳的危害，真姬菇菌丝生长迟缓，出菇不良。培养室要用热交换式通风装置等，使室内二氧化碳浓度保持在0.4%以下。再者，要使瓶内的二氧化碳容易排出，采用移动通风装置，使之略呈负压状态，也是有效的。

培养过程中，室内有一些光照，真姬菇出菇早一些，但如果经常开日光灯，馒头形的菌种部分容易发生菇蕾，菇容易在瓶中发生。为此，在培养过程中要极力保持黑暗状态。但是为了工作（操作）和培养状态的检查（查菌），有时还是需要开灯的。按以上条件培养之后，通常菌种在850毫升的瓶子内生长30～35天，菌丝就完全长满了。发菌天数因培养基条件和环境而异，但 35 天以上菌丝尚未发满时，可以肯定有不合适的地方。发菌缓慢的原因，可以有培养基装压得太实，培养基的 pH 过低，培养基的水分过多，营养不足，或营养过多，混入有碍菌丝生长的成分，培养环境（温度、湿度、二氧化碳浓度、光照）不适宜，使用通风不良的塑料盖，菌种接种过多，菌种没有落入接种洞（穴）的底部（下部），接种洞穴没有达到瓶底，杂菌污染等等。几乎所有的场合，往往是这些原因的综合作用。发菌缓慢和营养不良（生理成熟不足）必然导致出菇不良。

发菌完成之后，要继续培养 35 ~ 50 天，发菌缓慢的时候，这个天数还要延长。成熟期间，也有一部分木屑被真姬菇菌丝分解，作为营养积累在菌丝体内。进入生理成熟期，由于菌丝体的呼吸量减少，栽培瓶内的温度上升也减少。考虑到这一点，在设置生理成熟室时，应使温度保持在 23℃ ~ 24℃ 为宜。如不设置生理成熟室，应把栽培瓶放在发热量多的瓶子附近，这样可以较容易保温，使之成熟。

生理成熟期是发菌培养的后半期，培养基含水量的增加也变得很缓慢。因此，馒头形的菌种部分就会很容易干掉，受此影响真姬菇出菇不好，所以，室内空气湿度要维持在 70%。

发菌期短，在 60 天以下真姬菇菌丝的生理成熟度还不够，至菇蕾（原基）形成的时间就会延长，生育的天数就会变长。这是因为搔菌之后还会进行营养代谢，瓶内温度要降到出现菇蕾的温度，需要花时间。菌丝生理成熟不足，会发生瘤状菇蕾和畸形菇等。因为通常 35 ~ 50 天就可达到生理成熟，发菌（培养）和生理成熟时间为 65 ~ 90 天，搔菌前受 20℃ 以下的低温刺激，会缩短出菇天数，若不尽快作出调整，会在瓶中出菇，就会产生相反的结果。生理成熟的判断主要靠经验。因所用木屑的种类不同，其分辨方法也不同。用阔叶树的木屑（山毛榉），完全成熟时培养基是淡黄色至淡橙白色；用柳杉木屑时，完全成熟时培养基是带红色的淡褐色。在栽培者中有人误认为菌丝生理成熟以高温为好；也有人认为在夏季等要放在30℃下使之成熟。实际上这会阻碍真姬菇菌丝的营养代谢,使菌丝衰弱,菌丝的生理成熟不足。再者,长期生理成熟不足,会引起酸败,有的完全不会形成原基。产量一定会降低的。

培养基(菌床)的pH从6左右开始,到成熟末期会降到5。pH降不下来,可以认为是菌丝生理成熟不足。另外,培养基的起始含水量在64%,生理成熟末期才能超过70%。否则就长不出好的菇蕾。

6. 搔菌

搔菌是促进菌床表面形成菇蕾的作业,搔菌的好坏影响着子实体的形成和产量。栽培真姬菇时,采用专用的搔菌机,使菌种中央用凹皿轻压突起,同时把其四周搔掉,把菌种留成圆丘形。采用这种搔菌方法之后,因菇蕾主要从残留的馒头形的菌种部分长出来,和平搔法相比,到长出菇蕾的时间缩短,同时菇丛四周的菇蕾呈弯曲状态的菇丛像天然(野生)真姬菇的形态。如馒头(凸出)的部分和周围的高度没有太大的差别,则从周边(环沟)部分长出菇蕾,在菇蕾数增多的基础上,整个菇丛的姿态也不漂亮。通常环沟的深度离瓶口是15毫米,菇蕾多的时候也有深至18毫米的。可是,因为难以采收,不宜过深。凹皿过重,馒头形菌种部分会发生龟裂,形状不漂亮。压得过轻,馒头形菌种部分会脱掉。培养状态如果良好,馒头形菌种部分有弹性,环沟的搔菌痕迹也很漂亮。不管怎样搔菌都是从新的菌种表面长出菇蕾,所以到菇蕾长完为止,要花一定的时间。再者,菇蕾数少,菌柄正直,菇蕾独立,产量减少。

搔菌后,把水注入瓶中(口),约经1小时后排水(倒掉),搬入催蕾室。要注意不能出现水浸透瓶内,馒头形菌种中央却还很干的情况。注水的目的在于防止出菇初期干燥,即使注水过多,也不会反应在产量上,相反会推迟搔菌环沟部分菌丝的再生,而且细菌等有害菌污染的危险性会大大增加。

7. 催蕾方法

(1)注水降温　在同一菇房中栽培时,必须充分注意到这一点来进行栽培管理。搔菌、补水、排水结束后，把栽培瓶放在14℃～16℃、相对湿度90%以上的环境中，促进菇蕾形成。菌丝生理成熟度高的，从营养菌丝转为菇蕾是很顺利的。但生理成熟不足时，菇蕾发生（催蕾）之后，菌丝会继续成熟，这样做会导致菇蕾形成不良。因此，菇蕾发生后，要迅速降低瓶内温度至室温才行。

（2）覆盖保湿　从搔菌后到催蕾这段时间，用有孔的塑料薄膜等作为覆盖材料。这种覆盖材料应选择那些使培养基（菌床）表面保湿，又能通风的材料。催蕾后，二氧化碳浓度应控制在0.1%～0.2%以下。

（3）调控光照　真姬菇菇蕾的发生易受光线的影响，在近黑暗的条件下，菇蕾发生缓慢，气生菌丝全部盖住瓶口，易形成瘤状的菇蕾。另外，即使长了菇蕾，菇蕾数目明显增多，造成部分菇蕾生长不良，特别是菌丝生理成熟不足时，这些症状表现明显。光照强的时候，会引起真姬菇菌盖的畸形，所以菇蕾发生初期以1～10勒克斯、菇蕾发生后期以50～100勒克斯的光照度照射，用计时器进行间歇控制。室内的光照度要尽可能用安装日光灯来解决。这样真姬菇菇蕾的发生，可以通过湿度、温度的管理（调节），同时加上二氧化碳浓度的控制和适宜的光照来加以解决。为了减少菇蕾发生数目，提早光照，促进菌盖的形成等办法是很重要的，特别是从灰黑色到形成微小的子实体原基时的光照是最关键的。

（4）湿度调控　采用加湿器来控制室内的相对湿度是重要的工作，但空调机的风不要过强，以免导致馒头形的菌种部分干掉。还有一点要注意，即避免在发菌（培养）中碰到冷风；或是制冷机开机时间过长；或者是制冷机吹出的风温度过低等以及冬季的冷风都必须注意避免。

另外，要使用干净的有孔塑料薄膜等覆盖材料会发生细菌、枝葡萄孢霉、根霉、毛霉等。即在催蕾室内部（架子、墙壁、地板等），必须努力创造一个清洁干净的环境，使真姬菇能正常发生、长大。

8. 出菇管理

催蕾后，将菌瓶移入生育室（即出菇房）让其出菇。生育室环境温度 14℃ ~ 15℃，相对湿度 85% ~ 90%，二氧化碳浓度在 0.3% 以下。高温时会促进真姬菇成长，菌盖很快开展，变白色，菌肉变薄；过湿时，菌盖色变深，因水滴和细菌易引起淡黄褐色斑纹，降低品质，而且菌盖、菌柄表面也易长出气生菌丝，所以不要使生育室过湿。在生育（成长）过程中，光线会促进菌盖形成，抑制菌柄徒长，所以，长大时的光照条件要强于催蕾（菇蕾发生）时的光照强度。特别是要定时进行光照，对真姬菇形状有很大的影响。开始生育时，菌盖像火柴头那么大（2 ~ 3 毫米）时给予光照为最适期。太早光照菌丛形状会全部被破坏，菌盖与菌盖碰到一起；过迟光照，菌柄会明显徒长，成为俗称的"千菇丛"。为了培育出菌盖色泽深一些、菌柄长度适中及菌柄粗一点的优质菇，生育室的光照要在 500 ~ 250 勒克斯，符合真姬菇成长的光照时间延长，因光线造成的弊病少而且容易控制菌柄的长度和菌盖的大小。通常要求一天间歇光照 10 ~ 15 小时。另外，通风能抑制菌柄的徒长，但是通风又会促使菌盖开展。所以，要非常小心，以适度为宜。

如上所述，温度、湿度、二氧化碳浓度、光线、通风 5 个要素在真姬菇栽培中是综合起作用的。其中一个因素发生变化，其他因素也跟着发生变化，这一点一定要记住。进行符合真姬菇成长的生育管理是很重要的。

9. 采收

真姬菇因品种而异，从现蕾到成熟一般以 20 ~ 24 天为采收适期。850 毫升的栽培瓶，通常可采收 140 ~ 150 克鲜菇。真姬菇肉质致密，但菌盖比较容易脱落，采收和包装时要特别小心，要轻拿轻放。可是，消费者要求保鲜期长（货架期寿命长），菌盖漂亮、整齐的商品菇。因此，必须努力提高真姬菇的商品质量。

七、病虫害防治

病虫害防治以预防为主，即栽培前搞好菇房及周围环境卫生，做好防虫杀虫工作。在真姬菇子实体生长发育过程中，主要的病虫害有以下几种。

1. 霉菌污染　催蕾时或采收第一潮菇后，菌袋料面会出现镰孢霉或绿色木霉。发现时应及时清理，并用克霉灵等喷洒，防止扩大污染(图 1 - 4)。

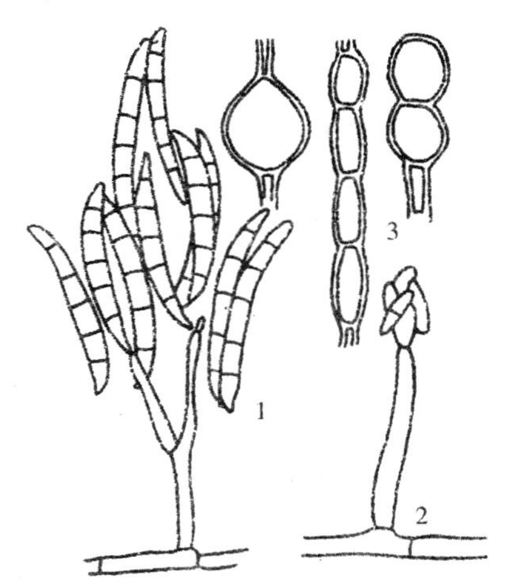

A. 一种镰孢霉菌

1. 大型分生孢子　2. 小型分生孢子　3. 厚垣孢子

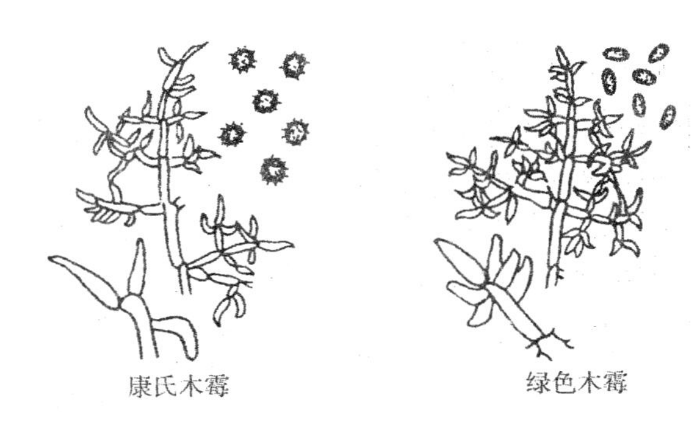

B. 木霉

图 1 - 4　两种危害真姬菇的杂菌

2. 嗜菇瘿蚊　主要是幼虫为害，在温度8℃～37℃，培养料湿度大的情况下，该幼虫可连续进行无性繁殖，一般8～14天可繁殖一代。防治措施：可用啶虫脒、灭幼脲等杀虫剂喷洒；另外，可停止对菌袋喷水，使幼虫停止生殖和因缺水死亡。

3. 蛞蝓　在室外菇棚栽培时，蛞蝓发生较多，该虫白天躲藏于土层下，夜间聚食菇体，造成菇体残缺，影响质量。可采用3%四聚乙醛颗粒剂，撒于畦面土壤上诱杀该虫（图1－5）。

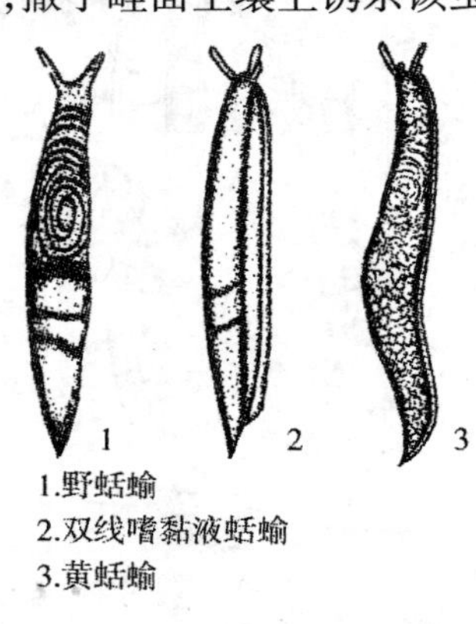

1.野蛞蝓
2.双线嗜黏液蛞蝓
3.黄蛞蝓

图1－5　蛞蝓

八、分级标准

真姬菇产品的国标和省标，尚未见报道。这里根据市场供求双方协定的鲜、干品标准列表如下（表1－1、表1－2），供参考。

表1－1　鲜品感官指标

项目	指标		
	特级	一级	二级
色泽	菌盖灰白色至褐色，表面有龟裂状花纹；菌柄近白色至灰白色，色泽一致	菌盖灰白色至褐色，菌柄灰白色至污黄色，色泽基本一致	菌盖灰白色至褐色，菌柄灰白色至浅棕色，色泽较一致

续表

项目	指标		
	特级	一级	二级
气味	具有此菇特有的香味、无异味		
形状	菌盖圆整呈铆钉状，完好，菌柄直，整丛菇体长度、体形基本一致	菌盖圆整呈伞状，较完好，菌柄较直，整丛菇体长度、体形较一致	菌盖较圆整，少部分菌盖稍有缺裂，菌柄稍弯曲，整丛菇体长度、体形不太一致
菌盖直径（毫米）	≤30.0	≤50.0	≤60.0
长度（毫米）	≤120.0	≤150.0	≤180.0
碎菇（%）	≤1.0	≤1.0	≤1.0
附着物（%）	≤0.3	≤0.3	≤0.3
虫孔菇（%）	≤1.0	≤1.5	≤2.0
霉变菇	不允许		
异物	不允许有金属、玻璃、毛发、塑料等异物		

表1－2　干品感官指标

项目	指标		
	特级	一级	二级
色泽	菌盖灰白色至褐色，菌柄近白色至灰白色，色泽基本一致	菌盖灰白色至深褐色，菌柄灰白色至污黄色，色泽较一致	菌盖灰白色至深褐色，菌柄灰白色至浅棕色，色泽不太一致
气味	具有此菇特有的香味、无异味		
形状	菌盖圆整呈铆钉状，稍有皱褶，完好，菌柄直，整丛菇体长度、体形基本一致	菌盖圆整呈伞状，有皱褶，稍有破裂，菌柄稍弯曲，整丛菇体长度、体形较一致	菌盖较圆整或稍有缺裂，有明显皱褶，菌柄稍弯曲，整丛菇体长度、体形不太一致

续表

项目	指标		
	特级	一级	二级
菌盖直径(毫米)	≤25.0	≤45.0	≤55.0
长度(毫米)	≤100.0	≤140.0	≤170.0
碎菇(%)	≤3.0	≤5.0	≤7.0
附着物(%)	≤0.5	≤1.0	≤1.5
虫孔菇(%)	≤1.0	≤1.5	≤2.0
霉变菇	不允许		
异物	不允许有金属、玻璃、毛发、塑料等异物		

第二章　姬松茸

一、概述

姬松茸又名柏拉氏蘑菇和巴西蘑菇。1965 年由日裔学者古本隆寿在巴西圣保罗市郊农场发现，将分离菌种送日本三县泽布岩做栽培试验，取名为“代原蕈”（代蘑菇）。1967 年住比利时菌类学家海涅博士鉴定为蘑菇属柏拉氏种。因其原产巴西，故名巴西蘑菇。在分类上属担子菌亚门、层菌纲、伞菌目、蘑菇科、蘑菇属。朝鲜、日本是盛产松茸的国家。日本首先将其商品命名为“姬松茸”。我国吉林省和黑龙江省的牡丹江林区的赤松林地中也有分布，以延边出产的最负盛名。此外，云南、贵州、广西、四川、西藏、安徽等地的山区松林或针、阔叶树混交林地亦有少量分布。

我国的姬松茸主要出口日本。因其风味独特，被称为“菌类之王”；又因食药兼优，亦被日本医学界称为“地球上的最后食品”。姬松茸子实体脆嫩爽口。富有弹性，香气浓郁，食后余香满口。风味独特，用其作主料，可烹饪出许多美味佳肴。因此，姬松茸价格十分昂贵，在巴西市场，每千克干品可卖到 300 美元。国内干品 150～180 元/千克，出口价高达 30000 美元/吨，经济效益非常可观，极具开发价值。

二、营养成分

姬松茸含有丰富的蛋白质、糖类、脂肪、粗纤维、粗灰分及多种维生素与矿物质微量元素。据分析，每 100 克姬松茸的干品中，粗蛋白含量为40%～45%，比香菇、金针菇等都高，如下表2－

1、表2－2所示。

表2－1　姬松茸子实体化学成分(%)

成分	鲜菇	日本干菇	中国干菇	干香菇	金针菇
水分	86.59	0	0	0	0
粗蛋白质	5.79	43.19	28.97	18.3	13.9～16.2
粗脂肪	0.59	3.73	2.88	4.9	1.7～1.8
粗纤维	0.81	6.01	6.11	7.1	6.3～7.4
粗灰分	0.74	5.54		3.4	3.6～3.9
糖类	12.07	41.53		66.3	60.2～62.2

注：维生素类，每100克干姬松茸菇中含维生素$B_1$0.3克，维生素$B_2$3.2毫克，烟酸49.2毫克。

表2－2　姬松茸中矿物质微量元素含量(%)

成分	含量(%)	成分	含量(%)
K(钾)	2.79	Cu(铜)	14
P(磷)	7.49	B(硼)	9
Mg(镁)	528	Zn(锌)	9
Ca(钙)	157	Fe(铁)	6
Na(钠)	118	Mn(锰)	2

姬松茸的氨基酸含量十分丰富。已测定的17种氨基酸总量为19.22%，其中人体必需氨基酸含量为9.64%，占总氨基酸含量的50.18%，高于一般食用菌。(表2－3)

表2－3　姬松茸氨基酸含量(%)

必需氨基酸名称	含量(%)	非必需氨基酸名称	含量(%)
苏氨酸	0.9065	天门冬氨酸	1.5101
缬氨酸	1.0773	丝氨酸	0.9083
甲硫氨酸	2.8841	谷氨酸	2.6233

续表

必需氨基酸名称	含量(%)	非必需氨基酸名称	含量(%)
异亮氨酸	0.9154	脯氨酸	0.5813
酪氨酸	0.5491	甘氨酸	0.9418
苯丙氨酸	0.8730	丙氨酸	1.5643
赖氨酸	0.9576	胱氨酸	0.1933
色氨酸	待测	精氨酸	0.9933
组氨酸 *	0.2594	鸟氨酸	待测

* 组氨酸为婴幼儿必需氨基酸。

三、药用价值

姬松茸的药用价值很高。具有益肠健胃、化痰止咳、解痉止痛、理气驱虫、强身补虚等药用功效，对腹痛、消化不良、痰多咳嗽、体虚多病等患者有一定的治疗作用。

现代医学研究证明，姬松茸含有多元醇，可治疗糖尿病，亦有抗痉挛的作用。姬松茸中含有多糖类物质，对小白鼠肉瘤 S－180 抑制率为 91.8%，对艾氏腹水癌的抑制率为 70%。对人体肿瘤，特别是腹腔癌有良好的辅助疗效。

四、形态特征

子实体粗壮，菌盖先扁圆形至半圆球形，后平展，中央部平坦，褐色，直径 5～11 厘米，表面被有淡褐色至栗褐色纤维状鳞片，盖缘有菌幕碎片。菌肉厚，白色，受伤后变橙黄色。菌褶离生，较密集，初时乳白色，受伤后变肉褐色。菌柄圆柱状，中实，柄基部稍膨大，柄长 4～14 厘米，粗 2～3 厘米，菌环以上的菌柄乳白色，菌环以下栗褐色，纤毛似鳞片。菌环着生于菌柄上部，膜质，白色。孢子印黑色。孢子暗褐色，光滑，宽椭圆形至球形，大小为 6.3～7 微米 ×4.5～6.3 微米（图 2－1）。

图2-1 姬松茸

五、生长条件

1. 营养

姬松茸的菌丝能分解稻草、棉子壳等多种农作物秸秆和猪牛粪等作为碳、氮源,能利用尿素、硫铵等无机肥。

2. 温度

姬松茸属中温型菌类,菌丝发育的温度范围为10℃~37℃,适温23℃~27℃;子实体发育的温度20℃~33℃,适温20℃~25℃。

3. 水分

培养料最适含水量55%~60%(料水比1:1.2),覆土层最适含水量60%~65%,空气相对湿度75%~85%。

4. 光照

姬松茸菌丝生长不需要光,但子实体生长要2000勒克斯左右的光照,才能正常转色。

5. 空气

姬松茸是一种好氧性菌类,菌丝生长和子实体生长均需新鲜空气。二氧化碳浓度超过0.5%,影响菌丝及子实体正常生长。

6. pH

培养料pH 4.5~8菌丝可生长,最适pH 6~6.8。

六、菌种制作

1. 母种制作

(1)培养基配方

①PSA 培养基:马铃薯 200 克(去皮,煮汁),蔗糖 20 克,琼脂 20 克,水 1000 毫升。

②麦汁培养基:小麦粒 125 克(煮汁),琼脂 20 克,水 1000 毫升。

③麦芽琼脂培养基:麦芽浸膏 20 克,蛋白胨 1 克,琼脂 20 克,葡萄糖 20 克,水 1000 毫升。

(2)配制方法:同常规。

(3)接种培养:将引进或分离的试管种在无菌条件下接入配制好的斜面培养基上,置 24℃下培养 25 天左右,菌丝长满斜面即为母种。

2. 原种和栽培种的制作

(1)培养基配方

①麦粒木屑培养基:小麦粒 80%,阔叶树木屑 20%;另加石膏粉或碳酸钙 1%,水适量,pH 自然。

②棉子壳麸皮培养基:棉子壳 86%,麸皮 10%,石灰 2%,石膏粉 1%,过磷酸钙 1%,料水比1∶2,pH 自然。

(2)配料、装瓶(袋)、灭菌

任取配方一种,按常规配制。

(3)接种培养

灭菌后冷却至常温,按无菌操作接入母种,在 25℃下避光培养 15 ~20 天,菌丝长满瓶(袋)即为原种;将原种如上扩繁,即为栽培种,如无污染,即可用于栽培生产。

七、常规栽培技术

(一)袋料栽培法

1. 熟料袋栽法

(1)栽培季节

一般在8月上旬。

(2)培养料配方

培养料为棉子壳(发酵过)60%,玉米粉5%,麸皮10%,砻糠10%,牛粪10%,石灰2%,石膏、磷肥、尿素各1%;含水量在65%。

(3)制袋与发菌

7月上旬按配方备料、装袋(17厘米×33厘米的聚丙烯袋),经高压灭菌冷却后接种,放阴凉处发菌,一般9月初发菌结束。

(4)脱袋出菇

把已经发菌结束,并复壮10天以上质量较好的菌袋,脱袋栽培。先整地,浇足底水,再脱袋摆放,覆土2厘米厚,必须用砻糠与细土混合(重量比1∶10)。同时喷湿覆土层,含水量以不粘手、无白心为宜,盖上塑料薄膜,每天揭膜1~2次。15天左右,菌丝已爬上覆土层,就开始揭膜搭小环棚,加大通风,同时再覆一层细土。经过15天左右,经空气刺激,菌丝扭结成菇蕾,再喷一次出菇水,大量子实体就能出土。

(5)采收

子实体成熟后及时采收,第一潮菇采收后,进行挑根补土工作,再喷一次重水,不久又可出第二潮菇。一般可出4~5潮菇,至次年5月份结束。

2. 生料袋栽法

(1)栽培季节

一般在9月上旬。

(2)栽培料配方

棉子壳54%,麸皮20%,牛粪20%,石灰2%,砻糠、石膏、磷肥、尿素各1%,料水比为1∶1.2。

(3)培养料配制

①前发酵:按配方备料后建堆。备料量不少于250千克,堆宽1.5米,高1米,长不限,3天后料温高达65℃~70℃时,进行第

一次翻堆，复整堆后每隔 10 厘米打一出气孔，以利增加氧气，提高微生物的活动能力。以后每隔 2 天翻一次堆，第二次翻堆后可出现大量白色放线菌。料温一般掌握在 50℃～55℃，第 4 次翻堆后，再堆制 12 天即可进行后发酵。

②后发酵：把经前发酵的料装箱，堆叠成高 2 米，宽 2 米，长不限的箱堆，再用塑料薄膜覆盖，利用太阳光加温，保持 55℃左右，晚上覆草帘保温，3 天后结束，当料内出现大量白色放线菌，有香味时即可。

(4)装袋发菌

料袋为 17 厘米×33 厘米，用种量为料重的 20%，分三层播种，然后在菌种层面上打小孔，装好菌袋置于阴凉处，以利通风发菌。一般需 20～25 天，菌袋发菌结束。

(5)出菇管理

在 10 月上旬就可进入栽培和出菇管理，管理技术同熟料栽培。

(二)床式栽培法

1. 栽培季节

一般在秋季 8～9 月。

2. 栽培料配方

棉子壳 55%，麸皮 10%，牛粪 20%，石灰 2%，砻糠 10%，石膏、磷肥、尿素各 1%；含水量在 60%。按配方备料，堆制、发酵同生料袋栽。培养料堆制结束后，即可进行床式栽培。

3. 播种方法

现以地床栽培为例，首先地床要整平，料厚 15 厘米左右，分三层菌种播种，底部占总用种量的 20%，中间 30%，封面 50%，一般每平方米播 4 瓶半菌种。

4. 培养发菌

播后压实，再覆塑料薄膜，每天揭膜 2～3 次，以利通风，一般经 15～20 天后，发菌结束，可覆砻糠细土(比例为1:10)，厚度 2 厘米，同时喷水，保持湿度。当菌丝爬至土层上部可搭小环棚并再覆一层细土,使菌丝长粗,扭结成菇蕾。

5. 采收及采后管理

采收第一潮菇后,经挑根补土,喷转潮水,不久即可形成第2潮菇。一般可采收3~5次菇,至次年5月份结束。

八、优化栽培新法

(一)发酵料棚栽法

1. 栽培季节

一般地区可分春秋两季进行,春季在2~4月堆料下种,秋季在7~8月堆料下种。北方地区可推迟或提前一个月左右进行。

2. 原料配方

可因地制宜选用以下配方。

(1)干稻草1200千克,干牛粪950千克,杂木屑500千克,尿素13.5千克,人粪水400千克,石膏粉31.5千克,过磷酸钙27千克,pH 7~7.5,石灰31.5千克(用于调整pH和覆土时用)。

(2)干稻草1000千克,干牛粪750千克,石膏粉20千克,碳酸钙20千克,过磷酸钙10千克,尿素10千克,石灰20千克,pH 7~7.5。

(3)稻草375千克,米糠10千克,鸡粪15千克,消石灰8千克,硫酸铵10千克,过磷酸钙5千克,水700~800千克。

以上配料按栽培100平方米计。

(4)稻草82%,牛粪15%,石灰1%,过磷酸钙2%。

(5)稻草30%,木屑30%,甘蔗渣30%,麦麸5%,硫酸铵2%,过磷酸钙2%,石灰1%。

(6)稻草50%,甘蔗渣38%,牛粪10%,石灰1%,硫酸铵0.5%,过磷酸钙0.5%。

(7)稻草34%,棉子壳33.75%,牛粪23%,麦麸7%,磷酸二氢钾0.25%,钙镁磷肥1%,碳酸钙1%。

(8)稻草70%,干牛粪15%,棉子壳12.5%,石膏粉1%,过磷酸钙1%,尿素0.5%。

(9)芦苇75%,棉子壳13%,干鸡粪10%,混合肥0.5%,石灰粉1.5%。

(10)玉米秸36%,棉子壳36%,麦秸11.5%,干鸡粪15%,碳酸钙1%,硫酸铵或尿素0.5%。

(11)稻草88.6%,米糠2.4%,鸡粪3.5%,消石灰1.9%,硫酸铵2.4%,过磷酸钙1.2%。

(12)稻草70.9%,甘蔗渣25%,尿素0.6%,碳酸氢铵1%,过磷酸钙0.5%,石膏1%,石灰1%。

(13)稻草48%,甘蔗渣47.9%,尿素0.6%,碳酸氢铵1%,过磷酸钙0.5%,石膏1%,石灰1%

(14)稻草45.9%,甘蔗渣25%,牛粪25%,尿素0.6%,碳酸氢铵1%,过磷酸钙0.5%,石膏1%,石灰1%

3. 堆制发酵

原料堆制发酵是决定姬松茸栽培成败的关键环节,千万不可粗心大意。原料堆制发酵可以选择一次发酵法和二次发酵法两种。前者发酵期长,产量较低;后者发酵期短,产量较高,应以两次发酵为宜。

(1)一次发酵法　工艺流程:预堆→建堆→翻料(6次)→进料→播种。

①预堆　把稻草用水浸泡后捞起,接着混合预先打碎的牛粪、木屑、人粪和加入适量的水,搅拌均匀预堆。预堆1~2天,培养料含水量均匀后,进入正式建堆发酵。

②建堆　取两棍木根平行横放,木棍两头用石头垫高20厘米,用1.6米长的毛竹,间距1米垂直插在两根木棒中间,然后进行建堆,先铺稻草,厚度为15~20厘米,宽1.4米,长度与木棍相等,再铺牛粪,厚度6~8厘米,然后撒入尿素和石灰拌匀堆料。堆成下宽120~150厘米,上宽80~90厘米,高1.5米,顶层用牛粪覆盖。建堆完成后,拔掉毛竹,通风放气,排出臭气和氨气。建堆时培养料要铺得厚薄均匀,雨天应遮盖薄膜。

③翻堆　在正常情况下,建堆后第三天堆温可升到60℃左

右。维持24小时后进行第1次翻堆,先后共翻堆4~6次。每次翻堆时,应将上层的培养料翻至下层,外层翻至内层,使培养料发酵均匀。第一次翻堆时,应均匀加入石膏、过磷酸钙;第二次翻堆时,应均匀加入碳酸钙。依次再按上述要求均匀翻堆4次。每次翻堆要注意补水,调节培养料含水量。以上翻堆分6次进行,每次间隔时间为6、5、4、3、3、2天,计23天左右。

(2)二次堆制发酵法工艺流程:预堆→建堆→翻料(4次)→进房→强制发酵(二次发酵)→播种。

预堆、建堆、翻堆同一次堆料发酵法一样。但翻堆只需进行4次,每次间隔时间为6、4、3、2天,计15天。二次堆料发酵法只经过15天发酵,培养料还没有得到充分的分解和灭菌,还要进行强制发酵。

(3)强制发酵:将培养料的含水量调至72%,进房上架,密封,通入蒸汽,使室温升到60℃,保持8~12小时。之后温度降至48℃~52℃,保持3天,发酵结束,即可进行播种。

4. 菇棚设置

姬松茸栽培可分大田单层栽培和室内外多层立体栽培。大田单层栽培类似于竹荪栽培,搭四分阳六分阴的遮阴棚,畦面宽80厘米,高15厘米,长12米。室内外多层立体栽培类似于蘑菇栽培。

5. 播种方法

培养料经过堆制发酵后呈深咖啡色,无氨气和臭味,富有弹性,当堆温降到28℃时要及时进料播种,料厚约20厘米,厚薄均匀,1平方米播种3~5瓶菌种,散播在培养料上。播完种后将料压实,使培养基同菌种紧密接触,便于菌种萌发。

6. 覆土发菌

有两种方式,一种是播种后立即覆土,一种是播种后15~18天,当菌丝从播种穴向四周长出3~5厘米时覆土。覆土的土质一般用水稻田土,它富含腐殖质,吸水保湿性能好。泥土挖起后,晒干,敲成粗土和细土,粗土直径1~1.5厘米,细土0.5~0.8厘米,覆盖前3天用石灰水预湿至半干半湿,并盖上薄膜。前2天将土调至中间无白心为止,覆土时用2%的石灰水喷洒培养料表面,使培养料有一定的湿度,覆土总厚度为3.3~3.5厘米。

7. 发菌及出菇管理

姬松茸从播种至出菇,在正常温度下一般需30多天,菌丝生长阶段要注意保温、保湿、保持空气新鲜。空气相对湿度在60%~75%,培养基的含水量控制在55%~65%。播种后料面一般不直接喷水,但料面太干,发白时,可雾喷一些水适当调节水分。温度控制在20℃~27℃,每天早晚各通风一次,每次30分钟至1小时。

当菌丝生长20多天时,菌丝已布满料面,开始扭结形成子实体,这时要保温,加大通风量,使土层的含水量达到55%~65%,空气相对湿度保持在80%~90%。出菇后要根据出菇量经常喷水、加大通气量,保持空气新鲜,使子实体正常生长。

8. 采收

姬松茸价格高,多出口日本,故要十分注重产品质量。当菇盖开始向外生长而菌膜未脱离菌柄时即可采摘。采收的鲜菇可就地鲜销,也可干制(整朵或由盖至柄对半切开烘干)后用透明塑料袋包装,外用纸箱包装成件后出口外销。

(二)大棚三层架栽培法

室外大棚层架栽培姬松茸具有省工、省料、投资少、产量高、管理容易、保温保湿能力强、调光通风好、栽培技术简单等特点。每平方米鲜菇产量可达7~10千克,效益十分显著。

1. 栽培季节

可分春栽和秋栽,一年栽培两茬。

(1)春栽　平原地区3~4月,山区4~5月播种,4月中下旬~6月中旬出菇,越夏后9~11月再出菇。

(2)秋栽　8月中旬播种,9月至次年5月出菇。

2. 栽培料配方

栽培料配方可任选以下一种(按100平方米的投料量计)。

(1)干稻草1500千克,干牛粪1000千克,木屑500千克,尿素10千克,过磷酸钙、石膏粉、石灰粉各25千克,pH 6.5~7。

(2)干芦苇1300千克,干牛粪900千克,木屑650千克,麸皮200千克,复合肥15千克,石膏粉40千克,石灰粉25千克,pH 6.5~7。

(3)干稻草2000千克,牛粪800千克,家畜粪100千克,人粪尿500千克,过磷酸钙30千克,尿素5千克,石灰粉25千克,pH 6.5~7。

3. 配制方法

同常规。

4. 菇棚搭建

采用室外大田空闲地层架模式栽培姬松茸,应选择土壤肥沃、虫害少、通风排气好、水质优、交通方便、容易排水的场地。菇房棚顶设计高2.2米,棚顶边缘用稻草、茅草或芦苇编成草块进行遮阳,大田菇房能达到遮阳保温和避风的目的,以"三分阳七分阴"为宜,第一层离土面20厘米高,二层开始设架,共设计搭架三层,便于通风,架间距70厘米,架面宽1.5米,走道宽0.7米,以利操作。播种前用73%克螨特2000倍液和甲醛1000倍液混合喷洒消毒,在进料时地面撒上生石灰和呋喃丹消毒。

5. 培养料堆制

(1)预堆　选向阳高地堆料。建堆前先把稻草或芦苇等预先湿泡2~3小时,捞起预堆1~2天,堆高1.5米,宽1.5米,其他原辅料混合加水拌匀,另堆成一堆。

(2)建堆　将预堆好的料堆成高1.5米,宽20米的堆,建堆时间隔1~2米插1根毛竹或木棒,再一层稻草、一层粪料、撒一层石灰粉,如此一层层堆制,顶层覆盖粪料,抽出毛竹或木棒,再盖一层散草,阴雨天盖薄膜,雨过揭膜,以堆料后4天左右堆温达65℃~70℃为宜,超过75℃要立即翻堆。

(3)翻堆　春栽建堆7天后第1次翻堆,第2~4次翻堆相隔6、5、4天,一般掌握堆期20~25天,秋栽堆制15~20天即可。堆制的优质培养料必须熟而不烂，一拉易断裂，红棕色或咖啡色，含水量60%～70%，无氨味、无恶臭味。

（4）二次发酵　最后一次翻堆后，当料温上升至50℃～60℃时进行第二次发酵。第二次发酵，堆高0.8～1米，用薄膜拱好，用有进水孔和通气孔的锅（可用空油桶焊成），加水煮沸，让蒸汽通入堆料内，在8～10小时内使料温达48℃～60℃，保持6～8小时，停火降温到48℃～50℃，维持3～5天后，趁热运到菇房堆放。二次发酵时间长短的确定，取决于第一次发酵时间长短与料熟程度，凡是第一次发酵时间长且料偏熟时，第二次发酵时间可偏短。第二次发酵通常料温维持48℃～52℃，至少要保持3天，在培养料内可见到大量白色斑状菌落和放线菌，且均匀分布在料中时，证明已达到发酵的目的。

（5）培养料播种前的调节　将培养料发酵通风后使料温降至28℃时，检测含水量与pH，料偏干时，可用石灰澄清水（pH 9～10）调节，培养料调节后水分在60%～65%，pH为6.5～7。

6. 铺料与播种

（1）铺料　采用复瓦式或直条状竖直向平铺在床架上，一般铺料厚15～20厘米，料面为龟背式，然后进行调节使湿度达到65%，料面湿润，pH为6.5～7，料温在28℃以下方可播种。

（2）播种　每平方米菌种用量：麦粒种2瓶，草料种3袋，棉子壳种2～3袋。菌龄应控制在40～50天内，不老化，菌丝强壮，浓白。麦粒种成颗粒均匀撒在料面上，用手或木板稍稍拍实，最后盖上报纸；草料种和棉子壳种，用条播，每架畦开3条小沟，菌种撒在沟内，播后先盖一层培养料，再盖一层报纸。播种后如果气温高，天气干燥，则在菇房内喷雾状水增大床面湿度，同时可以降低温度，播种后菇房温度掌握在20℃～26℃为宜，不能超过30℃。

7. 覆土出菇

播种后10～15天检查菌丝吃料情况，待菌丝封面时盖2～3厘米厚土，土质要求干净保水、通气性好。菌丝长至土中达土层厚度一半时,开始通风换气,每天 1 ~ 2 次,在适温条件下,7 ~ 10 天菌丝布满床面。此时喷重水一次,水量为 0.2 ~ 3 千克/平方米(分两次喷),停水 1 天再喷一次出菇水,使土的含水量在 50% ~ 65%,为防止菌丝腐烂,同时要结合通风,增大光线,菌丝就会大量集中扭结成子实体。经过一个星期,床面即可生长出大量米粒和豆粒大的菇蕾。

8. 出菇管理

出菇期注意通风换气,提高培养料温度,覆土后保持土壤干湿交替,出菇后适时喷水,温度高多喷,温度低少喷,也可以中午对棚内空间喷雾状水。通风时间每天 2 ~ 3 次,每次 2 ~ 3 小时,阴雨天可采取全天通气,并照 1500 ~ 2000 勒克斯的光线,促进姬松茸正常生长。

9. 采收与采后管理

(1)采收加工　一般在适宜气候条件下,接种后 40 天左右就出菇,出菇期为 3 ~ 5 个月,每批出菇时间 10 ~ 15 天,每天采 2 ~ 3 次。当菌盖刚离开菌柄及时采收,菇密时采菇要用拇指、食指、中指捏住菇盖,轻轻旋转采下,以免带动和顶伤周围小菇,影响下潮出菇,边采边去掉根部泥沙。采收完后应及时鲜销或脱水烘干,用塑料袋密封包装,待销或出售。

(2)采后管理　采好一批菇后,及时补土,并加大通风,停 2 ~ 3 天再喷水,隔 3 ~ 4 天后可出现小菇蕾,这时应掌握好床面干湿度,促其第二潮菇迅速生长。

(三)春季阳畦栽培法

1. 原料准备

每栽培 200 平方米,需稻草或麦草 2500 千克,干牛粪粉 1500 千克,石膏粉 40 千克,碳酸钙 40 千克,过磷酸钙 20 千克,尿素 20 千克,石灰 40 千克(若有杂木屑可加 500 千克更好)。

2. 原料处理

牛粪、木屑混合后用清水预湿,稻、麦草在水沟或水池内浸泡 24 小时,然后捞出沥去多余水分后建堆发酵。建堆时先铺一层厚

20 厘米的草料，宽 1.5 米，长 5～7 米，再盖一层 3～4 厘米厚的牛粪粉，按等份在草上均匀撒一层石灰粉，在牛粪上撒一层尿素，依此建堆，达到 1.5 米高为止。顶层用牛粪覆盖，堆形四周垂直，堆龟背形，雨天盖膜。

3. 菇棚、床畦设置

姬松茸栽培一般为大田单层床畦栽培，在栽培场上方应搭建“四阳六阴”的遮阳棚，高 2 米左右，与香菇阴棚相似。若在柑橘、葡萄等林果园内栽培，不需搭建阴棚。菇床面宽 1 米，高 15 厘米，长以场地为限。

4. 播种、覆土

堆制发酵后的培养料呈深咖啡色，无氨气和臭味，富有弹性，含水量 60%。当料温降至 28℃时，要及时进料播种。料厚 20 厘米，厚薄均匀，每平方米用种 4 袋，按 10 厘米×10 厘米间距打穴播种，穴深 3 厘米，留少量菌种撒播料面，然后将料压实，使料与种紧密接触，利于菌丝萌发定植，吃料生长。料面覆膜保湿发菌。播种15～18 天，当表面穴间菌丝已经连接，料内菌丝已长到 2/3 时，开始覆土。覆土用稻田土，大土粒直径 2 厘米，小土粒直径 0.5 厘米左右，覆土前 3 天用石灰水将大土粒预湿到无白心为止。先覆大土粒，再覆小土粒，覆土总厚度 3.5 厘米。

5. 出菇管理

从播种至出菇在正常温度下一般需 35～40 天。菌丝生长期要注意保温保湿，保持空气新鲜。空气相对湿度控制在 60%～75%，培养料含水量控制在 55%～65%，播种后料面一般不直接喷水。温度控制在 20℃～27℃，每天早晚各揭膜通风一次，每次半小时至 1 小时。出菇期要保温控温，以 18℃～27℃为最佳。加大通风，覆土层含水量达到 55%～60%，空气相对湿度保持在 85%～90%，并根据出菇量经常喷水。保持场内空气新鲜，使子实体正常生长发育。

6. 采收

当菇盖开始向外伸长，而菌膜未脱离菌柄时即可采摘。采摘后削净泥土,洗净鳞片,及时脱水烘干,分级存放销售。

(四)室外深沟窄厢栽培法

据湖北省枝江市食用菌协会杨大林(2000)报道,姬松茸菌丝穿透土层的能力极强,而且对水分的需求量也很大。特别是在始菇期,往往是畦床周围的土层中先于床面出菇,并且形成的菇蕾肥硕,长出的菇体肥壮,质量上乘,明显优于床面长出的菇。因此对姬松茸采用深沟窄厢栽培出菇法,可取得良好的效果。无论产量与质量均高于常规栽培法,现将此法简介如下。

1. 优点

(1)在同等栽培面积上可节省培养料1/3以上,从而降低了生产成本。

(2)边际效应高:充分利用姬松茸菌丝穿透土层的能力,开挖深沟,使其产生边际效益,由一面出菇增至三面出菇,增加了出菇面积,在出菇期菇床表面及厢沟两边的土层中均可大量持续出菇,提高了单位面积的产量,与常规栽培法相比,可增产50%以上。

(3)菇质好:沟边长出的菇质量好,优质菇多,销售价格高,经济效益好。

(4)管理方便:平时的水分管理,只需在沟内灌水即可,可大大减轻管理强度,实现低投入、高产出的生产目的。

2. 前期工作

培养料配制、堆料发酵、翻堆、进料、播种、覆土、大棚搭建等工序与常规栽培法相同。

3. 开厢整畦

选用沙质土壤的田块作栽培场地,在大棚内按厢面宽50厘米开厢,沟宽30厘米。首先将厢沟挖20厘米,挖出的土壤填在厢面上,使沟深达35~40厘米,打碎整平,增加土层的透气性。

4. 播种覆土

将大棚内进行严格消毒杀虫后进行铺料播种,铺一层料播一层种,共播3~4层,使床面料厚17厘米,播种后菌丝长入料内一半或2/3时覆土。覆土取用沟内土，只需将沟内土层挖松整成颗粒状后直接覆盖。通过覆土，可将厢沟再次深挖10厘米，此时沟底距料面高45~50厘米，使其形成了一个三面均可长菇的出菇面，增加出菇面积。

5. 发菌管理

覆土之后，加强水分、通风管理，并长期保持沟内土层湿润，最好是使沟底长期保持有2~3厘米深的积水，增加土层的湿度，调节小气候环境，诱导料内菌丝伸入土层，为沟坎边长菇打好基础。播种后40天左右，沟坎两边土层中以及菇床表面便会相继大量出菇。

6. 采收及采后管理

当菌盖开始向外伸长，菌膜未脱离菌柄时采收。采收1~2潮菇后，将菇床表面的覆土和培养料刮去一层，填充发酵好的培养料，再覆一层土，覆膜发菌，经20~25天，又会出现大量菇蕾。采用此法，可采收4~6潮菇，可增产60%~70%。

（五）野外闲田立体栽培法

据福建省宁德市宁古食用菌研究所阮时珍、李月桂（1995）报道，在室外大田立体栽培姬松茸，省工，省料，投资少、产量高，管理容易，操作方便，保温保湿能力强，调光通风好，工艺容易，栽培模式简单，较适应于南方诸省。

1. 栽培季节

利用野外闲田来栽培姬松茸，在高海拔地区应选在4月下旬至5月底以前，沿海平原地区可选择在4月上旬至5月中旬前播种。

2. 培养料选择

棉子壳，黄豆秸，稻草，玉米秸，麦秸，家禽粪，猪、羊粪（晒干）均可作为混合栽培原料。

3. 畦地选择与整理

采用野外大田空闲地畦床栽培姬松茸，应选择土壤肥沃、病虫害少、通风透气好、水质优、交通方便、容易排水的场地。棚高

2～2.2 米，棚顶和边缘用稻草或茅草编成草块进行遮阴，大田菇房能达到遮阴保温保湿和避风的目的，光度以“四分阳六分阴”为宜。田地翻地疏松后整理成畦床，土面一层就地，二层进行设架，便于通风，架层距离 80 厘米，畦面宽 1.3～1.4 米，沟宽 60 厘米。在播种前用千分之二的敌敌畏和千分之三的甲醛混合喷洒畦床进行消毒，进料时先在床面撒上石灰粉消毒。

4. 培养料配方

以 1000 平方米面积投料计算。

(1) 干稻草 1750 千克，干牛粪 1000 千克，麦秸 350 千克，玉米秸 250 千克，家禽粪 250 千克，过磷酸钙 35 千克，碳酸钙 30 千克，尿素 17.5 千克，菜子饼 25 千克，人粪尿 750 千克，石灰粉 46 千克，草木灰 20 千克，石膏粉 40 千克，含水量 68%～70%，pH 7.2～7.5。

(2) 干稻草 1750 千克，干牛粪 750 千克，麦秸 500 千克，家禽粪 150 千克，人粪尿 800 千克，过磷酸钙 30 千克，石膏粉 40 千克，碳酸钙 25 千克，草木灰 15 千克，尿素 17.5 千克，菜子饼 30 千克，石灰粉 15 千克，含水量 68%～70%，pH 7.2～7.5。

(3) 棉子壳 1500 千克，羊粪 250 千克，牛粪 500 千克，家禽粪 250 千克，麦秸 500 千克，稻草 750 千克，人粪尿 800 千克，过磷酸钙 30 千克，石膏粉 40 千克，碳酸钙 25 千克，尿素 15 千克，菜子饼 20 千克，石灰粉 40 千克，草木灰 15 千克，含水量 68%～70%，pH 7.2～7.5。

(4) 干稻草 2250 千克，牛粪 1100 千克，家禽粪 100 千克，人粪尿 900 千克，过磷酸钙 35 千克，石膏 40 千克，尿素 20 千克，碳酸钙 25 千克，石灰粉 45 千克，含水量 68%～70%，pH 7.2～7.5。

5. 培养料发酵

(1) 前发酵

①选择向阳高地堆料。建堆前先把稻草预湿浸泡 2～3 小时，捞起预堆 1～2 天；牛、羊粪，禽粪杂粪，要提前打碎加适量水搅拌预堆，1～2 天后待建堆时用。建堆地面先放置长木或毛竹，

用砖头垫高 15 ~20 厘米,然后铺上一层较湿的稻草,撒上一层石灰粉,将牛粪、家禽粪撒在内层,同时将其他辅料撒在牛粪料上,使料温上升至 65℃进行发酵。如此一层层堆制,一般堆宽1.3 ~1.5 米,堆高 1.2 ~1.6 米。还应注意每隔 1.5 米埋上圆木段一根,堆完后拔掉,排出氨气和臭味;最外层撒上石灰粉,并注意防风,避雨。

②堆料后每天要测料温 1 ~2 次,当料温升到 65℃ ~70℃时翻堆,每次翻堆时将上层稻草翻至下层,外层翻至内层,补足水分。翻堆后料温重新上升到 65℃以上时要调节水分:如预备堆 1 ~2 天,水分要求在 72%,3 天后第二次翻堆,水分在 65%,第三次翻堆水分调至 72%,pH 值调至 7.5 ~7.8。发酵全过程为 20 天左右,发酵好的料应是稻草料变松软均匀,弹性增强,一拉即易断裂,红棕色或咖啡色泽,料中无霉无臭味,含水量 62% ~72%。

(2)后发酵

前发酵最后一次翻堆后,当料温上升到 50℃ ~60℃时,即可趁热抢时间运到野外大田菇房床面上堆放好,将所有进出口、门窗通风口关闭,不让料温散失,能提高菇房的温度。培养料进床时将料集中于二层架上,并堆放在床架中间,堆高隆起,待温度开始上升时,用猛火加热蒸汽灭菌,烟火一起上,在 8 ~10 小时内使料温达 48℃ ~60℃,保持 6 ~8 小时后,停火降料温至 48℃ ~52℃维持 2 ~3 天。

后发酵时间的长短,取决于前发酵时间长短与料熟程度,凡是前发酵时间长且料偏熟时,后发酵时间可缩短。通常料温维持在 48℃ ~52℃的后发酵,至少要保持 2 天。在培养料内可见到大量白色斑状的菌落,放线菌生长多而均匀分布在料中,这说明已达到后发酵的目的。

6. 培养料播种前的调节

将培养料通风,使料温降至 28℃时,检测其含水量与 pH,料偏干时,可用石灰水澄清液(pH 8 ~9),调节料的含水量为 68% ~70%,pH 为 7.2 ~7.5 为宜。床面料以龟背形为好,可用木板轻轻压一下，然后播种。

7. 铺料与播种

(1)铺料：将料采用复瓦式或直条状紧实直向平铺在畦床上，一般每平方米用干草料量20～25千克，草料厚度为20～22厘米，然后调节料面湿度，使料面含水量为68%～70%，pH 7.2～7.5。当料温降到28℃以下时方可进行播种。

(2 在播种前，要再次严格检查菌种，如有杂菌污染，要淘汰，不得用于播种，同时要检查菌种中有无螨类及是否有虫害。在播种的前一天，最好用在菌种的棉花塞上喷洒乐果，消灭害虫，这样可收到良好效果。

(3)播种：每100平方米播麦粒种250～300瓶，草料种400～420瓶，棉子壳300～350瓶。菌种选用宁研928号，菌龄要求在40～45天，菌种不老化，菌丝强壮，刚出现浓白菌丝并带一点黄水为宜。播种前应把菌料撕成细粒，均匀撒播在料面上，用手或木板稍拍轻轻压实，盖上旧报纸，将门封闭3～4天，让菌丝充分萌发。前3天不通风，第4天开始少量通风一次，每次30分钟。如遇到北风时应少量通风，通风应安排在中午进行，阴雨天南风时延长通风时间。播种后如果气温高、天气干燥时，要加大空间湿度，以增大床面湿度。播种后菇房里的温度一般掌握在25℃～30℃最适，最高不超过30℃，最低不低于18℃。

8. 覆土与出菇管理

(1)在覆土前3天，将土先用敌百虫和部分甲醛消毒，并用薄膜覆盖封闭24小时，杀死杂菌和害虫。待到12～15天，菌丝长满培养料深度的三分之二时，将覆盖土的薄膜揭开进行搅拌，使药味及氨味散发，再用石灰粉调节好pH至7.2～7.5，加草木灰(100立方米土加草木灰3千克)，拌匀即可覆土，覆土厚度3～4厘米为宜。覆土后覆盖2～3天，减少通风量，5天后正常通风，使菌丝尽快向料面爬吃到土中，待菌丝长到土层厚度的一半时，开始通风换气。正常情况下菌丝需5～7天布满床面，如果菌丝爬土不整齐，要及时补足土，待全部菌丝布满到土面时，喷重水一次,一般每平方米喷水 0.1 ~0.2 千克,分 2 次喷,喷后可停水 2 天,再喷一次出菇水,土的含水量要求用手捏成团为宜。同时要注意不要让水渗漏到料面,防止菌丝腐烂。这时要结合通风,增大光线,菌丝就会集中扭结成子实体原基,经过 3 ~5 天后,床面会长出大量米粒或豆粒大的菇蕾。

(2)出菇后管理。当床面长出大量小菇时,应注意气温的影响,料温保持在 20℃ 最适宜,出菇最适温度 26℃ ~28℃,气候闷热,气温偏高会造成小菇死亡。同时要掌握好土的干湿度,如土的湿度偏高或偏低、通风不良同样会烂小菇,所以此阶段的管理重点是保温保湿和通风,同时结合喷水、通风来调节。偏干,可在空间加大湿度,也可以在中午向空间喷雾状水,使姬松茸子实体正常生长。

(3)喷水和通风要求

在姬松茸的生长过程中一般 2 ~3 天喷水一次,使子实体正常吸收水。刮北风时可加大空间湿度,菇床上只有少量菇时,刮南风和阴雨天减少喷水或停水,菇多时多喷水,但要注意表面土粒的水分,以用手捏土成团为宜。在喷水时尽量避免冲伤小菇,引起出现斑点菇。菇多时应加强通风时间,每天 1 ~2 次,阴雨天可以全天通风。并要掌握适当光线,以利子实体正常生长。

9. 采收与采后管理

(1)姬松茸接种后 35 ~40 天出菇,出菇可持续 3 ~4 个月,每批出菇周期为 10 天。生长到标准大小时应及时采下,过大影响质量,抑制下潮小菇的生长。

(2)采收方法也会影响姬松茸的产量和质量。在菇密时,采菇要用拇指、食指、中指握住菇盖,轻轻旋转采下,以免带动周围的小菇,更不能整个搬动,否则其他未长大的小菇都会死亡。

(3)姬松茸采收后,随即用小刀把菇柄下端带有泥土的部分削去。削菇时动作要轻,严防菇根带土,注意干净,以防姬松茸变色,影响质量。

(4)采完一批菇后,在菇床面重新补足土,加大通风,停水1 ~

2 天后再进行喷水,以利下茬出菇。

(六)野外粪草高产栽培法

据福建省永安市食用菌技术推广站钟祝烂(2012)报道,永安市高海拔乡镇在春季利用粪草野外栽培姬松茸有多年历史。几年来通过不断探索总结出一套高产、优质的栽培管理经验,现介绍如下。

1. 生长条件

(1)营养

姬松茸是腐生菌,稻草、动物粪便经过人工堆制,很适合于菌丝体吸收利用。菌丝体除要求碳氮源之外,还需要一定的无机盐,无机盐中需要量最多的是磷、钾、镁。配料成分主要是稻草、玉米秆、牛粪、过磷酸钙或磷肥、碳铵或尿素、复合肥、石灰、石膏等。

(2)水分

姬松茸生长发育要求空气相对湿度为 80% ~90% ,培养料含水量在 60% ~65% 。培养料含水量过高过低,都会影响菌丝生长。

(3)温度

姬松茸属于中温型真菌。菌丝在 15℃ ~32℃ 均能生长,最适温度为 22℃ ~23℃。温度在 16℃ ~25℃ 均能出菇,但以 18℃ ~23℃ 最适宜,25℃ 以上子实体生长快,但子实体品质较差。

(4)酸碱度

最适宜 pH 为 6. 5 ~7. 5,菌丝生长粗壮,原基扭结最多。土粒 pH 为 7 左右,可以抑制霉菌发生。

(5)光线

菌丝生长阶段可在黑暗中培养,子实体形成需要一定的散射光刺激,但光线不能过强,否则菇体品质下降。

(6)氧气

姬松茸是一种好氧菌,菌丝在呼吸作用中,不断吸进氧气,呼出二氧化碳,在堆料过程中也会不断产生二氧化碳、硫化氢、氨气等。当这些气体超过一定浓度，会抑制菌丝生长，所以在栽培中必须具备良好的通风条件，排除有害气体，补充新鲜空气。

2. 栽培技术

（1）栽培季节

春季栽培多安排在3~5月，秋栽一般为8~9月。

（2）品种选择

优良品种是姬松茸取得高产优质的首要条件，根据出口标准或市场需求来选择品种。永安市姬松茸主要栽培品种引自福建省农科院高产优质菌株姬松茸11号。

（3）栽培场地

场地要选择南北向、地势开阔、交通方便、离水源近、环境干净、离堆料场近的地方。菇床床面宽1.2~1.4米，长以场地为限。将床面整成龟背形，撒些石灰粉消毒备用。底层离地面20~30厘米，层间距离以0.6~0.7米为宜。顶层距离房顶1米左右。

（4）栽培料配制（以100平方米计）

干稻草或玉米秆1500~1600千克，干牛粪850~900千克，尿素10~15千克，碳铵20~30千克，过磷酸钙30~40千克，石膏粉50千克，石灰25~35千克，轻钙25~35千克，pH 7~7.5。

（5）培养料堆制

堆料的目的是通过发酵将一定配比的材料混合均匀，为姬松茸生长发育提供一种营养丰富的培养基，使原来不能利用的物质转为可利用状态；同时改善培养料的通气性，杀死有害病原菌，为有益菌在料中大量繁殖提供最佳条件。堆料发酵是决定姬松茸栽培成败的关键技术环节。采用"二次堆制发酵法"可以有效地提高姬松茸的产量和质量。

①预堆：提前一天把稻草用水浸泡后捞起，堆在建堆地旁；牛粪碾碎，用水或人粪尿浇湿，搅拌均匀。

②建堆：取几根木棍或竹棍用砖头垫高，然后铺上一层20厘米左右厚的草料，宽1.5~1.6米，再铺牛粪，厚度为6~8厘米，然后撒入尿素、碳铵。堆高1.5米，顶层用牛粪、草帘覆盖，雨天应

加盖薄膜。

③翻堆:建堆后当堆温上升到68℃～75℃,就要翻堆。每次翻堆时,应将上层的堆料翻到下层,外层翻到内层,使培养料发酵均匀。第一次翻堆时,应均匀加入石膏粉、过磷酸钙等。按上述要求翻堆4～5次,每次翻堆注意补充水分,调节好培养料含水量和pH。发酵后,培养料含水量65%,pH 7.5～8,呈咖啡色,柔软,有少量的氨味和特殊的芳香味。

④室内二次发酵:将堆制后的培养料的含水量调到70%,密封菇房,送入蒸气,使室温升到60℃～62℃,保持8～12小时,后降温至48℃～52℃,保持3天,通风、冷却。

(6)播种:当料温降到28℃时,将料铺于场地田畦上,均匀铺料20～25厘米,1平方米播麦粒种2～3瓶。以撒播为主,将菌种撒播在培养料上,播种后将培养料压实,使培养料同菌种紧密接触,同时覆盖地膜保湿2～3天,便于菌种萌发。

(7)覆土:播种后15～18天,菌丝生长到培养料的底部时,就应及时覆土。覆土选择稻田土,1平方米栽培面积备土40～50千克。覆土要晒干,敲碎,消毒。覆土厚3～3.5厘米。

(8)发菌管理

菌丝生长阶段要注意保温、保湿。保持空气清新。空气相对湿度在60%～75%,培养料的含水量控制在55%～65%,温度控制在20℃～27℃。每天早晚各通风一次,观察土层干湿,如太干减少通风,适当向地面喷水,提高空气相对湿度。当菌丝长满料面,在土层面扭结成子实体时,要保温保湿,加大通风量,保持空气清新,保持室内湿度为80%～90%,覆土层水分含量在55%～65%。菇蕾未形成浅褐色菌盖时忌喷水。此时喷水极易造成小菇死亡,所以喷水一定要根据土的干湿、菇的大小、环境的湿度灵活掌握。特别是出菇水要掌握好。有的菇房因太干一直不出菇,可喷一次出菇水。

(9)采收和加工

①采收　目前,姬松茸干品主要出口日本、韩国和销往我国

台湾等地，产品质量要求比较严格。子实体采收标准以刚形成菌膜又未破时为佳。如果采收太晚，菌膜将破时采收，烘干过程中菌膜会破裂，品质就下降，商品价值大幅下降；采收太早，影响产量，也影响效益，一般每天采2～3次，并及时加工。

②加工

A. 菇体杀青：将采收的鲜菇洗净沥干水后在通风处或太阳下晾晒2小时。先将烘干机（房）预热至需要热度的50%后稍降温，按菇体大小、干湿分级，菌褶朝下，均匀排放在竹筛上，湿菇排放筛架中层，小菇干菇排放于顶层，质差或畸形菇排放于底层。晴天采摘的菇烘制起始温度37℃～40℃，雨天采摘的菇烘制起始温度33℃～35℃。菇体受热后，表面水分大量蒸发，此时应全部打开进气和排气窗，排除蒸汽以确保褶片固定、直立定型。温度稳定4小时。若此时超温，将出现褶片倒伏，损坏菇形，色泽变黑，降低商品价值。

B. 菇体脱水：菇体脱水从35℃开始，每小时升高2℃～3℃，温度匀缓上升至51℃时恒温维持6～8小时，开放气窗及时调节相对湿度，以确保褶片直立和色泽的固定。在此期间，调整上、下层烘筛的位置，使干燥度一致。

C. 包装：整体干燥由恒温升至60℃一般经6～8小时，菇体水分含量10%左右，用手轻折菇柄易断，并发出清脆响声即结束烘烤。将优质干品及时装入内衬塑料膜的编织袋，再用纸箱或竹、木箱封装，每箱净重5千克即成商品。

采用此法加工的干品气味芳香，菌褶直立白色，朵形完整无碎片，菌盖淡黄无龟裂，无脱皮，铜锣形收边内卷，干燥均匀。无开伞、变黑、霉变、畸形等劣质现象，符合国内外客商收购标准及要求。

（七）大田棚畦栽法

1. 福建罗源县栽培法

据福建罗源县黄心怀报道，福建罗源县自1994年开始大田畦棚试种姬松茸，取得良好成绩，其做法如下。

(1)栽培季节

春季堆料以3月上旬,夏季以6月中旬为宜。选择适宜时间堆料,是获得高产的关键。

(2)培养料配方(每100平方米菇床用料)

①稻草1000千克,牛粪1000千克,复合肥10千克,石膏35千克,石灰25~30千克,含水量58%~60%,pH 6.7~7.0。

②稻草1250千克,牛粪750千克,尿素7.5千克,过磷酸钙30千克,石膏30千克,石灰30~40千克,水分同上,pH 6.7~7.0。

③稻草1500千克,牛粪750千克,尿素12.5千克,过磷酸钙40千克,石膏25千克,石灰40~45千克,水分同上,pH 6.7~7.0。

(3)培养料的处理

稻草、牛粪等先分别进行浇水预湿,一层粪、一层草料作堆,按前述方法堆制、发酵,一般堆制5~6天后,待堆温达65℃以上进行第一次翻堆,使堆料内外、上下交换位置,并重新制好堆发酵。再经5~6天,进行第二次翻堆,随之加入辅料,如石膏、尿素、过磷酸钙等。当堆料过干时,可以用石灰水调节,再制堆发酵4~5天,进行第三次翻堆。第三次制堆后发酵4~5天,第四次翻堆。3天后第五次翻堆,1~2天后,最后一次翻堆。翻堆是为了使草料熟化,草粪、辅料等融为一体,使其成为可溶性营养,利于姬松茸菌丝生长、发育。

(4)铺料播种

菇床应选择水源方便、排水良好、阴凉通风、冬暖夏凉、土质肥沃不黏结、酸碱度中性或微酸性地方,且不能在易积水处作畦。畦床整成宽1米、畦长因地而异,畦沟宽40~50厘米,菇床坐北朝南,有利通风换气,易于操作管理,并对菇床进行杀虫、消毒。随即进行铺料,每平方米菇床投料量为20千克左右,铺料要均匀,厚度为15~20厘米,料层要平坦,松紧适宜。

当料层温度下降到30℃以下,就可播种。播种方式为条播或点播，播种量为每平方米1～1.5瓶，麦粒种优于稻草菌种。播种后在其上搭建阴棚。棚顶铺盖茅草、芦苇等遮阳。

（5）发菌、覆土

播种后，把菌种与料层适当压实，并覆盖薄膜保湿、增温，3～5天揭开薄膜通风换气。当阳光强烈，要遮阳降温，8～12天菌丝即布满畦面，且吃料达3厘米深时，便可开始覆土。覆土能为姬松茸提供温差、湿差、营养等方面的刺激，改变料层表层二氧化碳和氧气比例，增加有益微生物，刺激其营养菌丝扭结和子实体的形成。先覆粗土，土粒为蚕豆粒大小，土层厚度为2～3厘米，覆粗土7天后，菌丝会布满粗土层，应再覆一层细土，细土粒为黄豆大小，料厚1厘米左右。覆细土后要增大通气性，使细土面马上干燥，待土层发白，将菌丝控制在细土层下部，这一管理称为控制冒丝现象，以抑制营养生长过度旺盛。在管理上加大通风，控制喷水量。当细土层过分干燥，以手捏即成粉状，可少量喷水，使之湿润。

（6）出菇管理

菌丝充分生长，并吸收培养料的营养，是形成姬松茸子实体的物质基础，而此时的管理，则关系到子实体产量的高低。出菇期的管理应集中在三个方面，即适宜的温度控制、水分管理及良好的通风作用。

①播种25天前后，菌丝开始扭结，此时应见菇蕾喷水，菇小少喷，当子实体结成黄豆粒大小时，要适时喷重水，生产上叫喷“出菇水”。出菇水一般连续喷2～3次，要喷均匀，不漏料。

②喷水后应立即通风1～2小时，喷重水一般以早上或晚上为宜，避免高温、高湿伤害菇蕾。

③出菇期气温以23℃～27℃为宜，气温低于23℃应覆膜保温，高于27℃则应揭膜通气降温。

（7）采收与采后管理

播种后35～45天，即可采收第一潮姬松茸鲜菇。气温在20℃～30℃，每隔10～13天可采一潮菇，持续3～4个月，可收5～

6潮鲜菇。

每潮菇采收后,应补土、喷水,用薄膜覆盖,并补充营养液等,以利提高产量。

2. 江西南丰县做法

据饶九江报道,江西省南丰县在大田棚畦栽培姬松茸也取得好成绩,其方式如下。

(1)栽培季节

春栽应在春分后、清明前,秋栽以立秋左右播种。

(2)菌种选用

有小脚品种、大脚品种,其中大脚品系为日本菌株,出菇密,产量高,菇质好,效益好。每平方米菇床收干菇0.3~0.75千克。

(3)培养料处理(以100平方米菇床计)

稻草1500千克,牛粪1000千克,过磷酸钙20千克,尿素10千克,石膏粉25千克,石灰25千克。或者把稻草比例减少25%~50%,加进压碎的芦苇秆,或者木屑、甘蔗渣、豆秆、莲子壳、棉子壳等。牛粪、猪粪不足,可搭配少量菜子饼粉、米糠及3%的麦麸等。

以上培养料可按以下三种方法分别处理。

①熟料栽培

以木屑为主料的培养料,经混合后装入编织袋中,经常压灭菌后,上大气后维持4小时左右,冷却后接种。

②发酵料栽培

前发酵:木屑、芦苇秆、豆秸等应提前18~20天发酵;牛粪预湿后分层加进稻草湿料,堆积成1.2米高。5天后中心堆温达70℃时,进行第一次翻堆。翻堆时加入化肥、石膏粉,以后每隔3~4天翻堆一次。第二次翻堆时加入石灰粉。当培养料呈棕褐色,疏松有香味,含水量适中即可。把以上前发酵料搬入菇床,堆放成60厘米高,用薄膜密封并通入蒸汽或利用太阳能,使薄膜内料温达55℃~60℃,经48小时保温发酵,即为后发酵。后发酵结束1天后,散堆排除氨气后,即可铺料播种。后发酵能促进培养料进一步熟化，并杀灭培养料中多种害虫虫卵及杂菌。

③混合料栽培

将以上熟料与发酵料混合拌匀后播种，发菌更好，产量更高。

(4)铺料播种

以上任意一种培养料，均匀铺在畦床上，料层厚约20厘米。播种法：穴播法规格为10厘米×10厘米；条播法，每畦床开3条小沟播种，菌种块状，每块小指头大小，均匀连接铺于沟中，并盖一层培养料。用种量：12%～15%。播种后以木板轻压料床，使菌种贴紧料床，促进发菌，于畦床薄薄盖一层稻草，根据需要加盖薄膜保湿、保温。

(5)发菌管理

播种后5天，揭膜通风，并给畦床喷细水保湿，当菌丝长透1/3料层时，即可覆盖3厘米消毒人造肥土(5%牛粪、1%草木灰、94%深层田土，混合、整细、暴晒及用药剂熏蒸消毒即成)，并使覆土层湿润。

(6)出菇管理

播种后25～35天，当子实体原基开始出现时，应喷一次重水，促进菇蕾长大。喷水保湿与通风透气同步进行，当气温为23℃～27℃时，菇蕾生长迅速。

(7)适时采收

姬松茸的采收，要求菇盖包膜未破裂，菇盖未开伞，刚离开菇柄时采收为宜。采下的鲜菇清除基部泥沙及碎屑，应及时鲜销或加工外销。

3. 福建建瓯市栽培法

据陈右明报道，福建省建瓯小桥等地乡镇大田棚畦栽培姬松茸取得较高效益，其技术如下。

(1)培养季节

平原地区春栽为2月上旬至3月下旬；秋栽为8月底前播种。山区高海拔地区为3月上旬至7月下旬进行播种。

(2)培养料及处理

以100平方米栽培面积计,其培养料用量为:稻草1000千克,木屑500千克,牛粪100千克,麦麸50千克,尿素20千克,石膏30千克,石灰10千克。以上培养料含N量1%,C/N比为44.3:1。

于播种前12~20天开始堆料。选排水方便、近水源、避风向阳的水泥地建堆。先于建堆地面架设长木或竹子作为通气发酵架,在架上铺料堆料,稻草应先经预湿,堆料宽1.5~2米,料层厚20厘米,用脚踩实后并铺经预湿的牛粪,以盖满稻草为限,再铺第二层料、撒第二层牛粪,如此草类和粪交替往上堆,堆高1.5米左右。堆料上覆盖薄膜发酵。发酵期间翻堆3~4次,尿素等辅料分别于第一次或第二次翻堆时加入到堆料中。最后一次翻堆时,调节堆料含水量至55%左右,并取敌百虫500毫升加清水稀释后,拌撒于料内杀虫。

(3)选场作畦搭棚

以排灌方便,背风向阳,土质肥沃的砂壤土田,隔年轮作栽培。畦床东西走向,畦宽60厘米,高30厘米以上,沟宽30厘米,畦面撒石灰杀虫。并于畦床上搭盖遮阳棚,菇棚式样同香菇栽培棚。

(4)铺料播种

于畦面上铺约15厘米厚的栽培料,以撒播或穴播方式播种。播种于料面中上层,少量菌种露出料面。播种量:麦粒种2瓶/平方米;木屑种3瓶/平方米。可以两畦为一组,用竹弓搭棚,覆盖薄膜保温、保湿、防雨。

(5)发菌管理

播种后覆盖薄膜,4天后视气温高低,每天揭膜通气1~2次,料面干燥应喷细水保湿,保持温度在20℃~30℃。播种后20小时,菌丝可萌发生长;48小时后菌丝开始向料层蔓延。

(6)覆土促菌

于播种20天后,菌丝可伸延到2/3料层,应开始备土覆盖。覆盖土层,以肥田土为宜,土壤pH 6~6.5。土经暴晒后整成

1.5~2.5厘米大小土粒，除去细土，只将粗土覆于料面，厚3~4厘米，覆土后并喷水使之湿润。覆土层能使料床菌丝承受一定压力，并增加料床的肥沃性和增加有益微生物菌群，为菌丝分化创造条件。在覆土层上加盖薄膜，引导床面菌丝向覆土层延伸。

(7)出菇管理

覆土后10~20天，部分菌丝爬上土层表面，此时应注意料床揭膜通风。当覆土层中出现米粒大小白色子实体原基时，应喷一次重水，促进菇蕾长大，喷水量为每平方米菇床2~3千克，同时加大通风量，避免湿度大造成通风量过大，伤害菇蕾。此后每天喷轻水1~2次，保持土壤湿润，直待小菇蕾长至直径2厘米时，即可停止喷水。以后每采收一潮菇，都要喷一次重水。

(8)适时采收

当子实体长至直径4~8厘米，菇盖肥厚壮实，表面黄褐色至浅棕色，内菌膜尚未伸展时采收，并清除菇柄基部泥沙及碎屑，即可鲜销或加工。整个栽培周期120~150天，可采收3~5潮菇。

(八)生料大床栽培法

据蔡建余等报道，浙江省龙泉市食用菌研究所采用生料地栽培姬松茸，取得良好效果，其技术如下。

1. 栽培季节

春栽、秋栽均可，春季以清明前后；秋栽在立秋之后即可开始堆料栽培。

2. 培养料处理

(1)培养料配方

①稻草100千克，米糠2.7千克，鸡粪4千克，消石灰2.1千克，硫酸铵2.7千克，过磷酸钙1.3千克，含水量58%~60%。

②稻草70千克，牛粪(干)15千克，棉子壳12.5千克，石膏粉1千克，过磷酸钙1千克，尿素0.5千克，含水量58%~60%。

(2)培养料选择

以上配方任选一方。先将稻草或棉子壳浸水湿润，与糠、粪肥、消石灰、水预湿或混合后建堆，发酵15~20天。并翻堆3~4

次，在翻堆2~3次后加入硫酸铵、过磷酸钙等，当堆温达到50℃后，就可把半熟状的培养料搬入栽培场。

3. 铺料播种

栽培场地室内、室外均可。室外菇棚内整畦建床，畦床宽1~1.2米，铺料厚20厘米，以点播法将板栗大小菌块埋入料层播种，然后再用培养料覆埋，每平方米料床铺干料15千克左右，菌种用量3~5瓶，播种后用薄膜覆盖。

4. 发菌管理

播种后5天之内不揭膜，不通风，第6天开始揭膜通风，相对湿度保持在85%。当料面干燥时应喷水保湿。发菌20天后，当菌丝分布到2/3料层时，应在料面覆盖一层较肥沃、疏松土粒，并于覆土层上加盖薄膜，控制床面温度在30℃以内，否则应揭膜降温、通风。

5. 出菇管理

播种40天左右，菌丝布满整个料层并有少量菌丝爬上料面，应给料面喷水，使料面相对湿度提高至95%，以重水高湿度促进土层中菌丝扭结，菇蕾形成。当土层表面有白色米粒状菇蕾出现，即为催蕾成功，继续保湿培养，直至菇蕾长至2厘米高时停止喷水，同时揭膜加大通风，每天2~3次，每次30分钟左右；雨天应半揭膜通风。

6. 适时采收

姬松茸从米粒状菇蕾长到成菇采收，需7~10天。当菇盖含苞尚未开伞，表面淡褐色，菇膜尚未破裂时应及时采收。除去菇柄基部泥沙、碎屑等，立即投入市场鲜销或加工后外销。

(九)稻草、麦秸规范化栽培法

据詹仲铭等报道，湖北省宜昌市三峡食用菌协会，利用本地优势原料稻草和麦秸发展姬松茸等珍稀菇类，取得良好成绩，现将有关技术介绍如下。

1. 搭建菇棚

利用蔬菜生产大棚，或人工搭建菇棚。菇棚长25米、宽

5.5～6米。四周开排水沟离棚30厘米，沟宽、深各30厘米，两旁各种葡萄及适宜的瓜豆作物，造成一定的阴蔽性。

2. 培养料及处理

培养料配方（按100平方米菇床计）：稻草或麦秸1200千克，畜禽粪（干）1000千克，尿素15千克，磷肥37.5千克，生石灰20千克，石膏粉40千克。

于4～9月，当自然气温上升到15℃以上，或在25℃以下进行堆料。堆料前两天应对草料、牛粪分别预湿2天，湿度为手握粪草指缝间要有4～5滴水；手握草料，稍加扭曲，有水滴下。

料堆南北向排列，堆宽2.5米、长6～7米、高1.5米，按7层堆制。第一层先于地面上铺30厘米厚草料，撒尿素（约占总量1/7），再撒150千克牛粪；第二层至第七层草料，厚度各为20厘米，分别撒尿素（各层占1/7），牛粪铺2～6层，每层用量为100千克，剩余全部盖铺于顶层。建堆后堆温高到70℃～75℃，即第6天进行第一次翻堆，加生石灰15千克；建堆后待升温至65℃时，即第4天翻第二次堆，加入生石膏，堆宽缩小为1.5～2米，长度为7米，高度不变；当堆温升至60℃时，进行第三次翻堆，并加入过磷酸钙，再建堆发酵，当堆温达60℃，持续24小时后翻堆，同时调节pH 7～8。

3. 铺料播种

先将菇棚加盖薄膜，并用500倍液多菌灵对棚内全面喷洒消毒。搬料进棚，铺料均匀，料层厚15～18厘米，待料温降至30℃以下，料内氨味散发后即可播种。用种量为1.5瓶/平方米料床。先将菌种的2/3均匀撒在料面，用手抖动铺料，让菌种落到3～5厘米深料层内部；余下的菌种则撒于料面，并以木板轻轻压平，盖草帘遮阳、保湿发菌。

4. 覆土发菌

播种后3天内以保湿为主，菌丝生长适温22℃～27℃，相对湿度为70%～75%。播种后15天左右，待菌丝吃料2/3即可覆土。每立方米土用0.25千克敌百虫、10千克石膏粉，对水稀释后均匀洒入,加水量以土粒搓得圆、捏得扁为准,用薄膜覆盖24小时后散堆,药液挥发后将土覆盖于料面,土层厚度为3~3.5厘米。

覆土3天后到半个月,要控制喷水量,使覆土层湿度调节到:粗土没有白心,细土捏得扁、裂得开。在内外因素综合作用下,料床内的菌丝扭结、变粗,形成豌豆大小的菇蕾时,应及时喷结菇水,每平方米菇床喷水1~1.5千克,分两天进行,每天喷3~4次,然后通风1~2小时。5~6天后,子实体长至黄豆大小,再喷一次出菇水,每平方米菇床喷水量为0.5千克。

5. 出菇管理

10天后按出菇量喷水,密集处多喷,菇疏少少喷,喷后通风30分钟。子实体生长温度范围16℃~33℃,最适20℃~25℃,相对湿度90%。

6. 适时采收

当菇盖直径至3~5厘米,未开伞前采收。采菇时,用手捏住菇柄,转动菇体往上轻提,尽量少带土层中的菌丝。采第3~4潮菇时,可连根带菌丝拔起,以松动土层,增加料层中的透气性,促进菌丝生长,继续出菇。

鲜菇采收后,要用竹片刀和不锈钢刀将菇体柄基泥土和鳞片刮除,即可销售或供加工之用。

(十)菇房层架栽培法

据黄秀治等报道,姬松茸可进行室内床栽,其技术工艺如下。

1. 栽培季节

在自然气候条件下,春栽姬松茸以3~4月,秋栽以8~9月为合适。

2. 培养料及处理

(1)培养料配方

①稻草375千克,米糠10千克,鸡粪15千克,消石灰8千克,硫酸铵10千克,过磷酸钙5千克,水700~800千克(日本栽培配方)。

②稻草 87%，牛粪 10%，石灰 1%，过磷酸钙 2%。

③稻草 30.5%，木屑 30%，甘蔗渣 30%，麦麸 5%，硫酸铵 2%，过磷酸钙 2%，石灰 0.5%。

④稻草 50%，甘蔗渣 38%，牛粪 10%，石灰 1%，硫酸铵 0.5%，过磷酸钙 0.5%。

（2）配料处理

以上各配方含水量为 60% ~65%；pH 6 ~6.8。

上述配方任选一组，称重，除硫酸铵、过磷酸钙外，其余各料与水混合均匀，堆制发酵，每隔 3 ~4 天翻堆一次，翻堆 4 ~5 次。在第一、二次翻堆时加入硫酸铵、过磷酸钙，每次加一半。翻堆时，注意堆料上下、内外调换，调节水分，使培养料发酵均匀。堆料发酵时间，因料的种类不同而异，常需 12 ~24 天。堆温控制在 30℃ ~50℃，勿超过 60℃。当堆温达到 50℃时可将半腐熟培养料搬入菇房。

3. 铺料播种

将培养料铺于菇床，均匀堆放，整平料面，控制料厚在 20 厘米左右。铺料后料温会上升至 60℃以上，应打开门窗通风降温，待料温降至 25℃后开始播种。

播种方式为穴播或撒播。穴播法：将制备好的菌种，按 15 厘米 ×15 厘米点穴播种，把菌种埋入料中，上面盖一层培养料。每平方米料床用种量 4 ~6 瓶。播种 7 ~8 天后，菌丝在培养料中均匀蔓延生长，即可覆土。先覆一层粗土，粗土厚约 2.5 厘米，要求土粒平整紧密排列布满床面；再覆一层细土，厚度约 1 厘米，以保持通气和保证床面湿度。覆土层总厚度为 3.5 厘米左右，土壤湿度为 23% ~25%。

4. 发菌管理

在适宜温度、湿度条件下，发菌约一个月，菌丝开始布满覆土层，在通气状态良好，湿度适宜的粗土层内形成粗壮菌丝束，不久就会长成白色、米粒状布满床面的菇蕾。

发菌期要求较高的含水量和良好的通气性。这也是一对矛盾,浇水多了,将会降低通气性,生产上多采用协调管理。即早、晚喷水,喷细水、轻水,喷水后立即揭膜通气,每次30分钟至1小时不等。此外还要增加一定的光照。

在一系列内外因素作用下,从见到菇蕾,到长成商品菇,需7~10天。

5. 适时采收

姬松茸的子实体菇盖尚未展开,菌幕未破,直径5厘米左右,则可采收。采收后剪去泥根、碎屑等,即可鲜销或供加工。

6. 干制与分级

采收后的鲜菇,应及时烘干;对菇盖直径4厘米以上的子实体,将菇柄基部用刀一剖为二,使菇盖处仍连接在一起,分开朝上烘烤至干。先低温、后高温,足干后的子实体色泽为鲜黄色,有浓郁香味。干品质量标准如下。

一级品:色泽鲜黄,菇盖未开伞,菇盖直径4厘米以上,朵形完整,无泥土,无杂质,无焦味,无虫蛀,含水量≤10%。

二级品:菇盖直径4厘米以下,其余同一级菇。

等外品:菇盖开伞,破边,部分焦黄为等外品,其余标准同上。

(十一)室内层架栽培法

据龚晓芳等报道,厦门市集美区1997~1998年示范推广姬松茸集约化栽培,取得良好成效,其栽培技术如下。

1. 栽培季节

栽培最佳期:8月20日至8月25日,在当年11月初至次年1月底结束。

2. 培养料及处理

(1)培养料配方

①稻草1500千克,牛粪1300千克,麦麸或花生饼100千克,尿素18千克,碳酸钙或石膏粉50千克,过磷酸钙50千克,石灰25千克,pH 7左右。料水比1∶1.4。

②稻草750千克,甘蔗渣750千克,牛粪1300千克,麦麸或花生饼100千克,尿素18千克,碳酸钙或石膏粉50千克,过磷酸钙

50 千克，石灰 30 千克，pH 7 左右。料水比1∶1.4。

（2）培养料配制

将培养料预湿 2 天后建堆，一次翻堆于建堆 3 天后，二次翻堆于 3 天后，三次翻堆于 2 天后；自然升温 2 天，60℃巴氏灭菌保持 10 小时，控温 48℃～52℃保持 72 小时。培养料经堆制发酵、后发酵呈褐棕色，腐熟均匀，富有弹性，含水量 65% 左右，pH 7.5；具浓厚的料香味，无臭味、异味，料内长满棉絮状的嗜热性微生物菌落。

3. 铺料与播种

打开室内门窗及通风口，使菇房内通风、换气，降温至 30℃以下；把培养料摊于中间三层菇架上，自上而下厚度为 30 厘米、32 厘米、35 厘米，并上下翻透抖松。当培养料偏干，用 1%～3% 的石灰水喷洒，翻拌均匀；当料偏湿，把料抖松，并加大通风量，待含水量均匀后，即应整平料面，使料层厚度为 20～22 厘米。

当料温稳定在 28℃时，即可播种。播种量每平方米用麦粒种 2 瓶（每瓶 750 克装），撒播后轻翻入料内，压实打平，关闭门窗保湿发菌。

4. 发菌管理

播种后 2～3 天，适当关闭门窗，促进菌种萌发。3 天后当菌丝发白并向料上生长时，适当增加通风，促菌丝整齐吃料，控制菇房湿度在 80% 左右，播种后 18～20 天，菌丝即可伸展到料层底部。

5. 覆土出菇

当菌丝伸入近料底层时，开始覆土。选用本地红壤土与砻糠或稻壳灰、煤渣混合，比例为7∶1。每 100 平方米覆土 3.5～4 千克，拌 40% 多菌灵 0.5 千克。覆土前预湿 4～5 天，调节含水量在 60%～65%。

覆土后 12～15 天，菌丝即可爬上土层，应进行喷水，喷水量每平米菇床为 0.9～1.35 千克。一般播种后 30 天左右即可现菇蕾，床面以间歇喷水为主，轻喷为辅，育一潮菇喷一次重水；做好喷水、通风、保湿三者之间的统一，使之多出菇、出好菇。

6. 科学采收

当子实体菇盖直径达到4厘米以上,未开伞时及时采收。按潮头菇稳采、密菇勤采、中间菇少留、潮尾菇速采的原则,先向下稍稍压再旋转采下,尽量避免伤及周围小菇蕾。及时清除菇脚、死菇、老根,并及时补土,保持菇床平整。

(十二)闵行袋栽法

据吴君兰等报道,上海市闵行区农业技术服务中心试验姬松茸熟料和生料袋式栽培并获得成功,现将其做法介绍如下。

1. 熟料袋栽法

(1)栽培季节

原种在5~6月制作,栽培种于7~8月制作;7月上旬开始制袋栽培。

(2)培养料及制作

①培养料配方

发酵棉子壳60%,玉米粉5%,麦麸10%,砻糠10%,牛粪10%,石灰2%,石膏、磷肥、尿素各1%,含水量65%。

②培养料配制

将料中的棉子壳、牛粪等分别预湿,并将石膏、尿素、磷肥分别溶于水中拌料,建堆发酵3~5天。发酵升温后,散堆与玉米粉、麦麸、砻糠等拌和均匀,石灰可溶于水中拌入料中,充分混合均匀后,装入17厘米×33厘米专用塑料袋中,两端扎口或套上塑料颈圈及套盖。经高压灭菌、冷却后由两端接入菌种。于阴凉处发菌,约9月初结束发菌。

(3)脱袋栽培

脱袋于9月上旬进行,可于室外进行搭棚栽培。先整畦,浇足底水,再脱袋摆放,覆土2厘米厚,必须用砻糠与细土混合(重量1:10)。同时喷湿覆土层,含水量以不粘手、无白心为宜,覆盖薄膜,每天揭膜通风1~2次。15天后,当菌丝爬上覆土层时,应揭膜搭小环棚,加大通风,并再覆一层细土保湿。经15天左右,在内外环境因素的作用下,菌丝扭结成菇蕾,再喷一次出菇水,大批子实体就能出土。

(4)适时采收

从见到菇蕾,到第一潮菇采收,需 5～7 天。采收后除去残根,补上少量土,再喷一次重水,可出第二潮菇。一般可出 4～5 潮菇,采收期延续到翌年 5 月份。

2. 生料袋栽法

(1)栽培季节

9 月上旬堆料制袋,10 月上旬即可完成发菌,继而覆土出菇。

(2)培养料及制作

①培养料配方

棉子壳 54%、麦麸 20%,牛粪 20%,石灰 2%,砻糠、石膏、磷肥、尿素各 1%,料水比为1:1.2。

②建堆发酵

按配方备足料后建堆,每堆不少于 250 千克,堆宽 1.5 米,高 1 米,长度不限。建堆后3 天料温升至65℃～70℃,可进行第一次翻堆。翻堆后再建堆,于堆面每隔 10 厘米,自上而下用木棒插一直径3～5 厘米通气孔,通风提高微生物的活力。每隔 2 天后翻一次堆。第二次翻堆后可出现大量放线菌。控制料温为 50℃～55℃,经 3～4 次翻堆后,即可结束堆制。

③后发酵

把堆制发酵的培养料装入箱中(竹篓或木箱等均可),堆叠为高 2 米、宽 2 米,长不限的箱堆,并用薄膜覆盖,利用太阳能加温,保持箱内料温为 55℃左右,晚上覆盖草帘保温。3 天后发酵结束,料内可出现大量白色放线菌,散发香味即可。

(3)装袋发菌

把经后发酵的培养料,自箱中倒出,散堆降温后,即可装入 17 厘米×33 厘米专用塑料袋中,分3～4 层播种,塑料袋中间夹 1～2 层,袋两头分别接种,并以塑料颈圈、套盖两头封口。待菌丝萌动后,用针在接入菌种处扎小孔,以利空气进入,加快菌丝生长。把料袋置于阴凉处发菌,经 20～25 天,菌丝即可布满料袋,于 10 月上旬即可栽培。

(4)出菇管理

同熟料栽培。

(5)采收

采收要求同熟料栽培。

(十三)大棚二层架栽培法

据余培胜报道,福建省建瓯市小桥镇农业技术推广站,利用室外二层架栽培姬松茸获得良好效果,其做法如下。

1. 栽培季节

春季栽培:平原地区3~4月,山区4~5月播种,4月中下旬至6月中旬出菇,越夏后9~11月出菇。

秋季栽培:8月中旬播种,9月至次年5月出菇。

2. 培养料及处理

(1)培养料配方(按100平方米菇床计)

①干稻草1500千克,干牛粪1000千克,木屑500千克,尿素10千克,过磷酸钙、石膏粉、石灰粉各25千克,pH 6.5~7。

②干芦苇(碾碎)1300千克,干牛粪900千克,木屑650千克,麦麸200千克,复合肥15千克,石膏粉40千克,石灰粉25千克,pH 6.5~7。

③干稻草2000千克,牛粪800千克,家畜粪100千克,人粪尿500千克,过磷酸钙30千克,石膏粉30千克,尿素5千克,石灰粉25千克,pH 6.5~7。

(2)培养料配制

先将稻草、芦苇等预湿浸泡2~3小时,捞起预堆1~2天,堆高、宽各为1.5米,其他辅料混合后加水拌匀,另成一堆预堆。将预堆过的材料,重新建成高1.7米、宽1.5米的长堆。按一层稻草、一层粪肥,撒一层石灰粉,层层堆制,建堆过程中于料堆隔1~2米远,插一根木棒或插将3~5根扎成一把的毛竹,在顶层铺一层粪肥后,再盖一层散草,并抽出木棒或毛竹,以利通气。如遇雨时,覆盖薄膜防淋,天晴除去薄膜。以堆料4天后堆温至56℃~70℃时,及时翻堆。

春季栽培,建堆7天后,第一次翻堆,第二、三、四次翻堆,分别间隔6天、5天、4天,一般堆制发酵20～25天;秋季栽培,堆制发酵15～20天即可。优质发酵料为红棕色或咖啡色,含水量60%～70%,一拉易断裂,无氨味、无臭味。

当第四次翻堆后,把堆料作成0.8～1米的圆形堆,用薄膜包紧,薄膜边缘用砖石块或土层压紧,并往薄膜堆料中通入蒸汽,于8～10小时内使料温达到48℃～60℃,维持6～8小时,停止送汽,使料温降至48℃～50℃,保持3～5天,趁热把堆料搬入菇房。

3. 搭建菇棚

选择土地肥沃、虫害少,通风向阳,排水良好,交通方便的空闲地搭建菇棚。棚顶高2.2米,顶边缘用稻草、茅草或芦苇编成草块挡风、遮阳。菇房内扎架建层,第一层菇架离土面20厘米左右;第二层距第一层间距70厘米,菇床宽为1.5米,走道宽70厘米。播种前用生石灰或福尔马林等多种药剂杀虫、防病。

4. 铺料播种

后发酵结束后,立即通风、换气、降温至30℃以下,并调节发酵料含水量为60%～65%,pH 6.5～7。采用波浪式或直条状,平铺在床架上,铺料厚度为15～20厘米,料面龟背式。铺料后略整理,并轻度喷水,使料面湿润,待料温进一步下降。料温下降至28℃以下即可播种,严格检查菌种质量,选用菌龄适宜、生长健旺、色白、包装完整的菌袋或瓶袋菌种。播种量:每平方米菇床用麦粒种2瓶,草料菌种3袋或棉子壳菌种2～3袋。麦粒种成颗粒均匀撒于料面,以手或木板稍加按平,并以薄膜覆盖;草料菌种或棉子壳菌种,则条播,每架畦开3条小沟,菌种撒于沟内,呈小块状分布,随之覆一层培养料,再盖一层报纸或薄膜。控制菇床料层温度30℃以下,最好为20℃～26℃,并通过喷细水,保持床面湿度。

5. 发菌与覆土

播种后7～10天内,注意检查菌种萌发情况,菌种带杂菌与否,菌丝吃料状态及料面干湿状况,及时有针对性进行调整及予以补救;5 天后要揭膜或开窗适量小通风,每天 1 ~ 2 次,每次 10 ~ 30 分钟。经 15 ~ 18 天发菌管理,菌丝即可布满 2/3 料层,便可覆土,覆土层厚 2.5 ~ 3 厘米。当菌丝长至土中约一半厚度时,给菇房开始通风,直至菌丝布满全部料层。此时可给土层喷 1 ~ 2 次重水,喷水量 1.5 ~ 3 千克/平方米,为出菇作准备。同时要结合通风,防止菌丝腐烂,并增大光照,促进菌丝体扭结成子实体。经 7 ~ 10 天,菇床上便可长出大量豆粒大小的白色菇蕾。

6. 出菇管理

出菇的四要素为:菇房温度 23℃ ~ 27℃;培养料含水量为 60% ~ 65%,覆土层保持干湿交替;每天给菇床通风 2 ~ 3 次,每次 2 ~ 3 小时,阴雨天全天开窗通气;给予一定散射光刺激。在温度、湿度、通气性及光照等适宜,及菌丝发菌完整,吸足营养,并进入生理性成熟后,就为大批幼小菇蕾形成创造了条件。此时影响产量、质量的外部因素是环境湿度与通气性。一般在出菇后适时喷水,温度高多喷,温度低少喷,中午在菇房内,采取空间喷细水,打开菇房门窗通风,使菇床表面干而不燥,润而不湿,促进幼蕾生长。

7. 采收及采后管理

一般播种后 40 天左右就会出菇,当菇盖刚离开菇柄时即可采收。每潮菇采摘期 10 ~ 15 天,每天采收 2 ~ 3 次,保持鲜嫩不开伞。出菇期有 3 ~ 5 个月,有 4 ~ 6 个潮期。

采收一潮后,应及时补土,并加大菇房通风,停水 2 ~ 3 天养菌,当床面见米粒菇蕾时,应加大湿度及通气管理,促下潮菇成长。

(十四)绿色标准化栽培法

据福建宁化县食用菌办李上彬(2009)报道,姬松茸进行绿色标准化生产,可收到良好经济效益。

近年来,国际市场上发达国家,通过提高食用菌产品质量要求,制造技术壁垒以限制进口,导致我国姬松茸产品出口受阻,国内市场价格下滑,姬松茸市场疲软,销售不畅。姬松茸产品要突破出口瓶颈,必须制定绿色标准化生产技术,使产品向绿色食品发展。为适应这一要求,2006 年宁化县安远食用菌专业合作社申报了“碧水”牌姬松茸绿色食品（干品），经省绿办专家检测产地水质、土壤和产品质量，符合绿色食品 A 级要求。2007 年获得绿色食品标志使用权，“碧水”牌姬松茸干品菇成为宁化县食用菌优势品牌。现就姬松茸绿色标准化生产技术介绍如下。

1. 季节安排

姬松茸属中偏高温型的草腐生菌，菌丝体在 10℃ ~34℃下能正常生长，最适温度 22℃ ~27℃；子实体生长的温度范围为 18℃ ~33℃，最适温度 22℃ ~25℃，超过 34℃时难以形成原基。各地气候不同，一般在春秋两季栽培。

2. 菇房建设

（1）地点选择：交通方便，地势平坦，靠近水源，水量充足，水质卫生，排水良好，环境清洁。要求周围 5 千米内无工业污染源，生产用水符合 GB 5749《生活饮用水卫生标准》。

（2）菇房设置：主要为室外大棚床栽，菇房建设一般采用上盖遮阳网的简易塑料大棚菇房，每座菇房栽培面积 500 ~800 平方米。

3. 培养料选择与配方

选择无农药残留、无重金属污染的原辅材料。姬松茸栽培主料为稻草及牛粪，要求新鲜、干燥、无霉变。所选稻草收割前 1 个月不施用农药，整个生长期不使用高毒、高残留药肥。据专家分析测定，牛粪中含镉，为防止镉含量超标，栽培宜选择以草食为主的黄牛粪。选用少粪配方：栽培 1 平方米，用稻草 15 千克，牛粪 4 千克，石膏粉 0.5 千克，碳酸氢铵 0.5 千克，过磷酸钙 0.5 千克，石灰 0.5 千克，尿素 0.2 千克。

4. 前发酵

堆料前 1 ~2 天将稻草、牛粪充分预湿。水分掌握以堆后有少量水流出为准。建堆后第 4 天、7 天、10 天各翻堆 1 次，第 1、第 2 次翻堆时分别加入过磷酸钙、石膏粉，第 3 次翻堆调好水分及 pH。翻堆应上、下、里、外相对调位，把粪草充分抖松，干湿拌合均匀。前发酵结束时，培养料含水量 62% ~65%，pH 6.0 ~6.8。

5. 后发酵

将前发酵好的培养料搬进菇房床架上(底层不放),培养料进房后,关闭门窗,让其自然升温2天,然后垒好锅灶烧火升温,可采用汽油桶自制蒸汽发生器产生大量蒸汽,再将蒸汽送入室内,使菇房内的料温上升到58℃~62℃,保持8~10小时,然后降温至48℃~52℃保持4~6天。

后发酵也叫二次发酵,是姬松茸栽培的重要环节,其作用有三:一是通过高温发酵使培养料充分腐熟,迅速转化成便于姬松茸菌丝吸收利用的营养物质;二是通过巴氏灭菌杀死粪草中的病虫及杂菌,减少病虫害发生;三是蒸发掉前发酵过程中产生的游离氨等有害气体。优质发酵料标准:经二次发酵后腐熟料呈棕褐色,富有弹性,松软不黏,香味浓无臭味、异味,秸秆一拉就断,可见白色嗜热菌群,培养料含水量58%~62%。

6. 铺床播种

后发酵结束后,打开门、窗通风,降温至30℃左右时,将料均匀分铺于料床各层,待料温稳定在28℃以下时播种。菌种选用高产优质菌株姬松茸11号。采用撒播并部分轻翻入料内,播种后压实打平,关闭门窗,保温保湿促进菌种萌发,用种量2瓶/平方米。播种后3天开始适当通风换气,待菌丝蔓延整个料面后,增加通风量,保持菇房空气新鲜。

7. 覆土要求

播种后18~20天,菌丝大部分长满培养料时即应覆土。要求覆土前5天用石灰水调pH 7左右,然后用福尔马林和敌敌畏对覆土进行消毒处理。用土量约45千克/平方米,覆土厚3~4厘米,覆土后立即调水,土粒含水量以手捏成团松手即散为宜。覆土后2~3天内关紧门窗,让菌丝尽快向覆土内蔓延。

8. 出菇管理

主要是水分管理,要根据天气、菇的大小和多少、通风、温度情况,掌握"少喷勤喷与间歇重喷相结合"的原则。在原基期和幼菇期,采用少喷勤喷法保持土层湿润;间歇重喷法指结菇水和出菇水,适合菌丝生长旺盛的菌床。覆土后约15天,菌丝爬满土层,出现少量粗壮菌丝时,要喷几次重水,迫使成熟菌丝扭结成原基,进入生殖生长阶段。喷重水用水量一般为0.9～1.5千克/平方米,分2次喷。3～5天后,当菇体直径达3厘米时再喷1次重水,水量为1.5～2.0千克/平方米,分早晚2次进行。喷重水掌握水不流入培养料中为度,平时喷保持水即可。大面积出菇后,要加大通风量,保持菇房内空气新鲜,温度控制在20℃～28℃为宜。

9. 采收与烘干

当子实体长至4～8厘米高,菇盖开始向外长而菌膜未脱离菌株前及时采摘。掌握"潮头菇稳采,密菇勤采,中间菇少留,潮尾菇速采"的原则。采收前2天停止向菇体喷水,采后用竹片刮除泥土和杂质,用清水清洗一遍,置于竹席上,放在阳光下晾晒2小时后烘干。为防止SO_2含量超标,一般采用小型电烤房烘干。烘干后及时包装外销。

九、姬松茸床栽不出菇的原因及对策

据福建吴寿华等报道,通过对福建省宁德市4个村20多个菇棚调查,发现不出菇现象较为普遍,分析其原因及防治办法主要有以下几种。

1. 栽培季节过早

凡不出菇的菇床,多因播种期过早。低海拔地区春节前后,或海拔500～800米山区,3月份前播种,气温普遍低于18℃,菌丝在料床上无法定植,或生长极为缓慢,加上病虫为害严重,菌丝很快萎蔫。

栽培姬松茸,一般以3月中旬至4月播种;山区要在4月中旬至5月初播种为宜。

2. 培养料配制不合理

调查不出菇菇床,培养料配方不合理,粪肥或氮肥使用量过大,造成C/N比失调,有的C/N比23.5:1,远高于39.7:1;且石灰用量过大,致使pH偏高,使菌丝生长较长时间处于不良环境中,从而影响出菇。

防止办法是:科学合理地配制培养料。

3. 原料发酵不当

室外堆制发酵,遇到连续阴雨,堆温无法升到65℃~70℃,加之翻堆不及时,造成发酵不均匀,如果堆料偏湿,后发酵质量不高,都会造成菌丝无法定植。

正常发酵时间均为20天左右,其翻堆间隔时间分别为7天、5天、3天、2天、1天,且每次翻堆后,料堆中心温度均要升至65℃~70℃。如果前发酵效果不好,应由后发酵作为补救,直至发酵料呈黑色,非棕褐色,手拉草料不易断裂为宜。

4. 覆土管理不好

覆土时的管理初期,主要掌握好覆土时间及办法。覆土不能过早,一般于播种后2周左右,即菌丝布满培养料层2/3时,为最适时间,也不宜过迟。覆土以新挖出田土为好,且必须在太阳下暴晒,整理成蚕豆大颗粒状,并喷洒敌百虫或福尔马林后盖膜,做好熏蒸、消毒,以杀灭害虫、虫卵和多种杂菌。覆土管理后期,主要是正确喷洒出菇水。覆土后,菌丝会很快爬上覆土层,为了抑制菌丝过旺生长,应适量控制覆土层喷水量,以干为主。在中下层覆土表面能见到菌丝时,即可喷一次重水,每平方米料床喷水量为0.1~0.2千克,为现蕾水。喷水后2~3天再喷一次重水,使床面均匀湿润,为出菇水。姬松茸出菇时,需水量比蘑菇需水量大。喷水后要及时通风,加速出菇床面空气流动。只喷水不通风,会发生菇蕾萎蔫及菇床菌丝腐烂。

克服办法:出菇时需水量大,应多喷细水,喷微水;后期低温时应缓喷水;菌丝稀疏时轻喷水,采菇落潮后暂停喷水;高温天气早晚多喷水;后期追施营养水。在增大喷水后,应及时开门开窗,加大通风。

十、主要病虫害及防治

姬松茸在制种、栽培过程中,都会出现不同程度的杂菌、害虫危害。现将主要杂菌、害虫及其防治方法介绍如下。

(一)杂菌

制种及栽培中，易出现的杂菌为胡桃肉状菌、红色面包霉、鬼伞类、绿霉、青霉等。

1. 胡桃肉状菌

(1)病原及发生条件

病原为一种子囊型真菌，子囊果成堆时呈核桃肉或菜花状，浅黄色至奶油色，老熟后浅褐色，菌肉致密、柔软，压破后有腥臭味，能散发孢子。在姬松茸菇床上，其菌丝生长旺盛，与姬松茸菌丝竞争性生长，并抑制后者。约经6~7天，胡桃肉状菌菌丝，便会扭结产生子囊果，产生形状不规则的团块或假块蕈。

该菌多发生于秋菇覆土前或春菇后期，在高温、高湿，菇房通风不好，培养料过湿、偏酸性、透气性差的情况下，会大量发生。多通过发病土壤、培养料作为初次侵染来源，流水、雨水滴溅及气流吹送，可近距离传播。一旦发生，扩展迅速，同一菇房可连年感染，且大面积发生，严重减产(图2-2)。

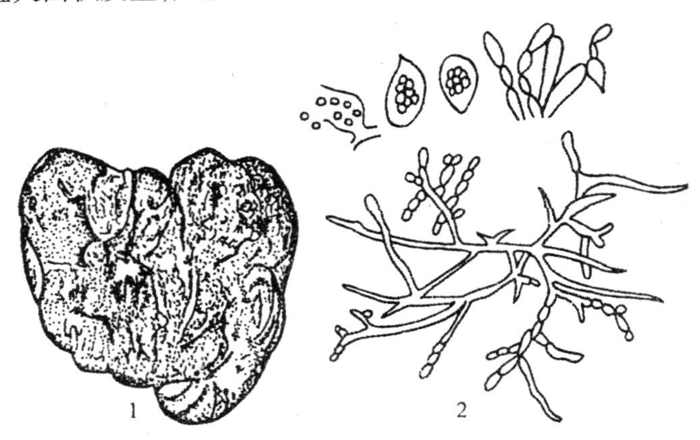

图2-2　胡桃肉状菌

1. 子实体　2. 菌丝体、子囊及子囊孢子

(2)防治方法

①堆制好培养料：稻草、牛粪及辅料均要充分升温发酵；尽可能进行二次发酵，通过70℃高温，杀死杂菌及孢子；进料前，菇房、

菇床用药剂进行一次彻底喷洒,杀灭环境中的杂菌。

②搞好覆土层消毒:取土要用深层土,避免用表层土,一要暴晒;二用1∶800倍多菌灵药剂熏蒸、消毒;三用石灰水喷洒土层,使之湿润,并调节 pH,中和酸性发酵料。

③选用优质、生命力强的菌种:不要在病区或发病菇床上采集、分离种源。播种前,应认真检查菌种质量,发现菌种内有白色或淡黄色不规则扭结物,伴有腥味,可能为污染病菌的菌种,应立即予以销毁。

④胡桃肉状菌发生后,立即停止床面喷水,加大通风,并迅速摘去胡桃肉状菌子实体,小心带出室外深埋。在病区喷洒 1% ~ 2% 甲醛或 500 倍多菌灵液,换上新土层,待室温下降至 16℃ 以下,按常规管理。也可于菇床上撒一层石灰。

2. 红色面包霉

(1)症状及分生条件

红色面包霉又称链孢霉,菌丝生长疏松,呈白色棉絮状;在气生菌丝顶端形成链状分生孢子,橘红色,表面有脉纹。多发生于熟料栽培中,多因灭菌不彻底,接种操作不严格,或因棉花塞受潮引起。

该菌主要以孢子传播,在旧菇房或室外环境中,存在大量孢子。在高温、高湿条件下容易发生,25℃ ~30℃下,孢子在 6 小时内萌发成菌丝,能以很快的生长速度在菌种瓶或料袋内长满,48 小时后在瓶口产生大量橘红色分生孢子。在菌种袋内形成的分生孢子,有时能冲破袋壁,向四周扩散。链孢霉菌丝侵染子实体之后,很快覆盖子实体,造成腐烂。

(2)防治方法

①生产菌种时要搞好室内外环境卫生,清除一切垃圾及上个季节培养料残留物。要彻底灭菌,并严格加强发菌管理,确保菌种生产质量。

②接种箱、培养室要用气雾剂消毒灭菌。培养室要保持干燥,防止高温高湿。

③培养料喷水时，加入0.1%多菌灵拌料，抑制杂菌生长，或用1.5%可湿性托布津稀释喷雾。

④菇床或菌种感染后，将石灰粉撒于被感染处，并用0.1%高锰酸钾溶液浸纱布、报纸覆盖，及时挖除污染料，带出室外深埋，防止孢子扩散。

⑤菌袋棉塞出现红色面包霉，可用25%施保克2000倍液蘸湿棉花塞，以抑制或杀死杂菌及一切病原菌。

3. 绿霉、青霉

(1)形态与危害

包括绿霉菌、米曲霉及多种青霉菌等多种杂菌(图2－3)，曲霉菌丝也为灰白色，但扩展性差，多形成绒状、絮状或厚毡状菌落，略带皱纹，并很快从菌丝上长出分生孢子梗，形成黄色或灰绿色粉状物。青霉在培养料上，初期形成白色或黄色绒状菌丝，与曲霉相似，菌丝扩展性不大，2～3天后菌落便产生绿色或蓝色颗粒状分生孢子，并随气流或人工操作，扩大感染。这两类杂菌，不但污染菌种、培养料，而且还能分泌毒素，抑制姬松茸菌丝生长。

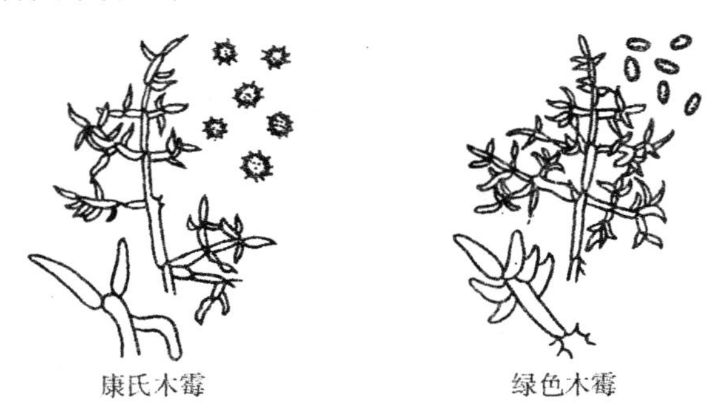

图2－3　绿霉菌

(2)防治方法

①培养料要彻底灭菌。

②棉塞不要受潮吸水，接种时遵守无菌操作规程。

③菌床出现绿霉、青霉，应轻轻挖掉已感染部位，在挖除后的

料面喷0.8%克霉灵，也可涂抹浓石灰乳，再用非耕作层泥土填平，可控制其发展。床面轻度发生时，在感染处洒上75%酒精，进行灼烧，或将已污染的培养料清除后，加强通风，降低温湿度，以达到抑制其蔓延发展的目的。

4. 鬼伞类

(1)危害

在稻草堆上或菇床会生长出多种鬼伞菌，常见的有墨汁鬼伞、毛头鬼伞、晶粒鬼伞、长根鬼伞等(图2-4)。菇床上的鬼伞类多出现在覆土之前，与姬松茸菌丝竞争营养和领地，严重影响出菇和产量。该杂菌多由培养料带入，它生长快，与栽培菇类争夺养分，自溶后污染菇床。

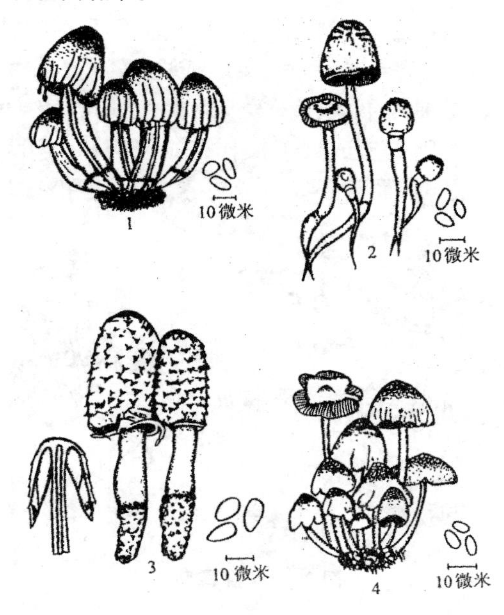

图2-4 几种重要鬼伞菌

1. 墨汁鬼伞 2. 长根鬼伞 3. 毛头鬼伞
4. 晶粒鬼伞

(2)防治方法

①选用新鲜稻草，经暴晒和堆制发酵后使用。

②出现鬼伞子实体后，要尽早摘除带出室外，防止孢子扩散，造成新的危害。

③培养料进入菇房后，应及时降低室内温度，并提前覆土，以抑制鬼伞类生长。

④对菇床喷洒3% ~5%的石灰水，均可防治鬼伞的出现。

5. 白色石膏霉

(1)形态与危害

该菌通过偏酸性培养料进入菇床，多发生于姬松茸培养料上床后3 ~10天。发生时，一般出现在菇床表面或背面，严重时深入培养料内。初期由短而密的白色菌丝形成大小不一的圆形病斑，形同一层石灰，后期菌丝呈粉红色，可见深黄色粉状孢子。菌丝自溶后，可使培养料变黑发黏，产生恶臭味。姬松茸菌丝被感染时，生长受到抑制(图2 -5)。

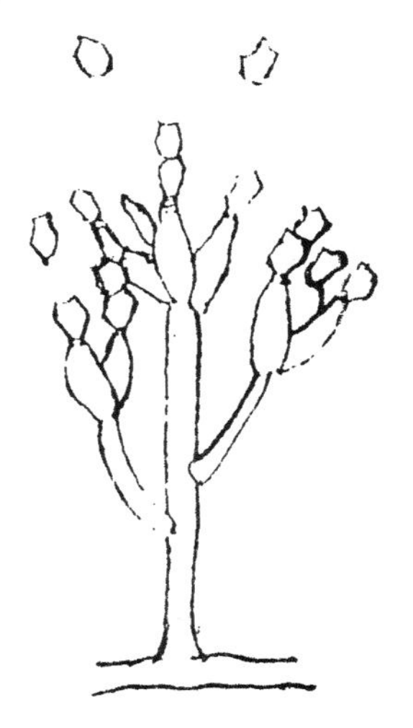

图2-5　白色石膏霉菌

(2)防治方法

①该菌病原为粪生帚霉,适宜在高湿、pH 8 以上,偏熟、偏黏的培养料中生长。采用1:7醋酸溶液、5%过磷酸钙浸出液或5%石炭酸液喷雾,或50%煤酚皂液涂抹,撒硫酸铜粉可控制其发展,不影响出菇。

②给菇房通风,降低出菇室湿度。

③培养料要认真进行后发酵,以彻底杀死病原微生物。

(二)害虫

姬松茸生长中的主要害虫有:菇蝇、螨类、蛞蝓、跳虫等。

1. 菇蝇

(1)危害症状

主要由幼虫为害菌丝和子实体,导致不出菇,或使菇蕾、子实体发育不良而残缺不全,失去商品价值。成虫不直接为害,但通过吸食,造成伤口,导致被传染病原侵染。发菌期受害,培养料被蛀成糠状,造成不出菇。

(2)防治方法

①堆料发酵,使堆温升至65℃以上,以杀灭原料草堆中的大部分虫卵、幼虫;再通过后发酵,进一步提高杀虫效果。

②发菌时,应在菇房门窗安装纱门、纱窗,以防菇蝇成虫进入菇房。室内有成虫出现,可利用其趋光性,在室内设一黑光灯诱集,灯下置一盆水,水中滴加数滴煤油,使其落水而死。

③菇床出现菇蝇幼虫为害,可喷洒除虫菊酯防治;也可以用除虫菊酯10克,加拌草木灰少许后,均匀混合撒于10平方米菇床,撒施后密闭菇房24小时。虫害严重时,可按此法连续撒施2~3次,均会收到良好杀灭效果。还可用0.1%鱼藤精喷洒菇床。当菇房温度下降至13℃以下,其幼虫为害逐渐停止。

2. 螨类(图2-6)

(1)危害症状

主要危害菌丝体,咬断菌丝引起枯萎、衰退,使子实体无法形成。侵染来源主要为稻草、粪肥等培养料及老菇床等。温暖、潮湿环境,发生多、繁殖快,应以预防为主,把螨类消灭在培养料进入菇房之前。

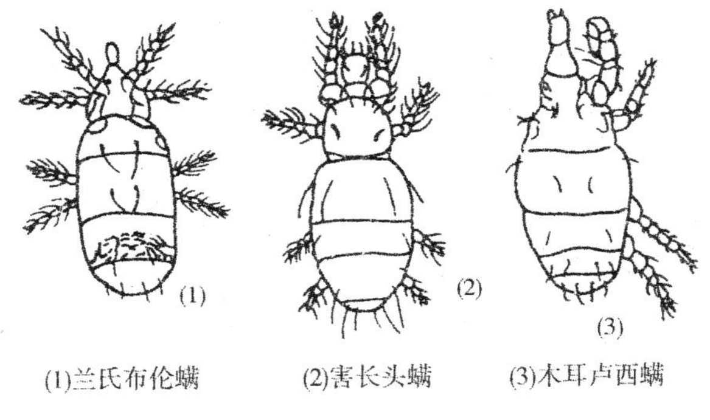

(1)兰氏布伦螨　(2)害长头螨　(3)木耳卢西螨

图 2－6　螨虫

（2）防治方法

①预防螨害发生：菌种生产厂、栽培场要远离仓库、饲料厂、养鸡场及垃圾场等地，并保持栽培环境清洁，不允许在栽培场附近堆积废料。并严格菌种生产规模，确保菌种生产质量，防止螨类由菌种带入菇房、菇床。

②认真搞好堆制发酵、后发酵：应尽量使堆温达到 65℃～70℃，直接杀死害虫虫卵和螨类。

③菇床上发现螨类，可施洒 73% 克螨特 2000 倍液等。

3. 跳虫

（1）危害症状

常群集于菇柄、菇褶上，或培养料中，被害子实体呈暗褐色，造成发育不良，使之失去商品价值。环境过于潮湿、卫生管理差，最易发生跳虫害（图 2－7）。

（2）防治方法

①改善栽培场所的环境卫生条件，防止积水和湿度过大。

②用 0.1% 鱼藤精或除虫菊酯喷洒杀灭。

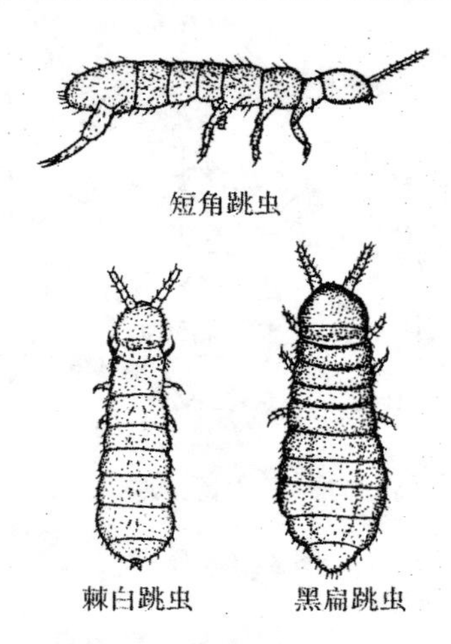

图2－7　**跳虫**

4. 蛞蝓(图2－8)

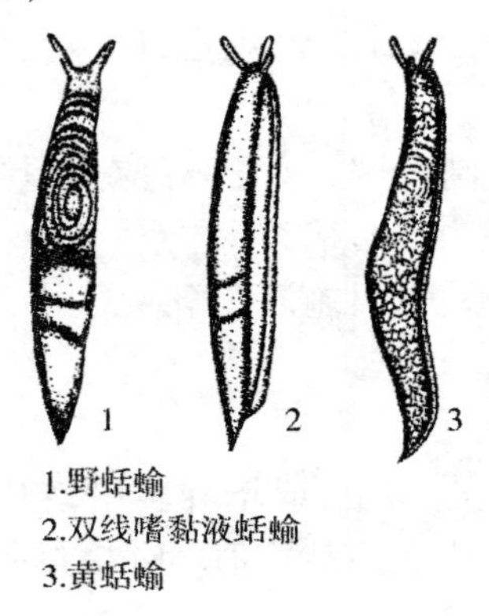

图2－8　**蛞蝓**

(1)危害症状

喜阴暗潮湿环境,白天躲藏在土缝、石块、草丛中或枯枝落叶下,于黄昏出来取食。能为害平菇、蘑菇、姬松茸等食用菇类,啃食菇盖、菇柄,造成穿孔、缺刻及虫道、黏液线,凡潮湿菇厂、室外菇房,蛞蝓为害尤为猖獗。

(2)防治方法

①彻底清除栽培场地砖块、瓦砾、草堆,铲除菇场附近杂草。

②在地面、墙角撒石灰粉、草木灰,保持场地清洁。

③投入石灰中杀灭,效果明显。也可用5%食盐水或石灰水,喷于草堆或蛞蝓出没的地方;或将新鲜石灰撒在菇场周围诱杀,每3～4天处理一次,有很好的驱除蛞蝓作用。

(三)病虫害的综合防治

1. 彻底清除菇房内一切杂物,杜绝病原和虫源

栽培前15～20天,应对菇房、床架、墙壁进行彻底打扫并用水冲洗,涂抹石灰水或喷洒漂白粉消毒;栽培2～3年以上的“老菇房”,多污染严重,床架要用波尔多液、石灰水等洗刷,或拆散后于河水中浸泡、洗刷,再经太阳暴晒多天后,进入菇房组装;菇房地面如为土质,可铲去一层,填入新土整平;水泥地面则可用水洗涤后干燥备用;培养料进入培菇房前7～10天,室内喷甲醛5倍稀释液熏蒸杀菌;5～7天后,再于室内应用甲醛、硫黄、敌敌畏等多种杀菌剂、杀虫剂混合熏蒸。

2. 防止虫、鼠随培养料进入菇房

堆料前3～5天,要对堆料场进行清理,除去砖块、杂草及一切废料,并用新土层填垫场地;水泥地面要用清水冲洗。于场地上喷石硫合剂或撒石灰消毒、杀虫等。

3. 使用的秸秆、粪料等,要经暴晒,减少杂菌、病虫来源。一切堆料要经高温堆制发酵,使堆温尽早上升到65℃～70℃,经多次翻堆,再次升温,不但使堆料熟化,而且要达到杀虫灭菌的效果。

4. 做好覆土消毒

要选用清洁、通气性好的土粒做覆土,覆土使用前要暴晒1～2天;要用甲醛、敌敌畏或多菌灵拌土熏蒸;也可利用太阳能或通入50℃～60℃蒸汽处理1小时,以杀菌灭虫卵。处理完要尽快散堆排除毒气后上床播种。

5. 把好菌种关

选用优质,无病虫、杂菌,活力强的菌种,做接种材料。

6. 发菌期间,每周于床面喷洒1%石灰水,或0.5%漂白粉3份与纯碱1份的混合液;覆土后,喷洒0.3%波尔多液,有杀菌防虫作用。

7. 菇房内设置黑光灯,开展灯光诱杀菇蝇、菇蚊及跳虫等;设毒饵诱杀螨类及老鼠。

8. 采菇后,要及时清除病菇、死菇及其残体;发现病虫害,要采用多种生物防治技术,消灭或减轻病虫害的发生。

附:姬松茸的加工

(一)盐渍加工

姬松茸是一种集"天然、营养、保健"为一体的珍稀食用菌。国际市场以盐渍为主,盐渍加工能够调节生产的淡旺季,满足国内外市场需求,且可提高菇农的经济效益。现将姬松茸采收和盐渍加工技术介绍如下。

1. 采收

姬松茸子实体七成熟,菌盖直径4~10厘米,柄长6~14厘米,未开伞,表面淡黄色,有纤维鳞片,菌幕未破时及时采收。过熟采收,易开伞且菌褶变黑,降低商品价值。采收过程要轻拿轻放,以防柄盖分离和机械损伤。

2. 加工工艺

姬松茸盐渍加工的工艺流程:原料整修→护色→清洗分级→杀青→冷却漂洗→盐渍→酸装桶。

(1)加工条件

盐渍加工需有符合食品加工的环境和设备,如杀青锅、漂洗池,工具应是铝制品或不锈钢制品,铁锅或铁制工具接触菇体后菇体易变黑,影响产品外观和质量。盐渍加工用水水质要符合饮用水卫生标准。所用食盐也要符合食用质量标准,一般用无碘精盐。

(2)原料整修

采下的姬松茸要及时用竹刀削去菌柄基部的老化柄,削口要平齐,不能把菌柄撕裂。刮掉泥土,尤其注意把沙窝泥眼刮净,同时把开伞菇、畸形菇、破损菇和有病斑有虫伤的菇一并剔除。

(3)护色

防止鲜菇褐变用稀盐酸和适量柠檬酸溶液,即先用0.6%的盐水洗去菇体表面泥沙等杂物,接着用0.05毫升的柠檬酸溶液(pH 4.5)漂洗,以抑制菇体的酶活力,防止菇色变深和变黑,可保持商品的外观美。

(4)清洗分级

用刷子小心地洗刷鲜菇菌盖,再用流动清水反复冲洗菇体,除去残留在菇体上的杂质和护色残液,洗净后盛在竹筐内控净水。清洗好的鲜菇要进行分级,即按商品质量要求如菇形大小、菇肉厚薄分成若干等级。

(5)杀青

杀青可用煮沸杀青或水蒸气杀青,煮沸杀青投入少、烂菇多,成品率低,能耗高,而蒸汽杀青工效高,效果好。将菇体放入10%的盐水中煮5～8分钟或将菇体放入蒸笼中蒸3～5分钟。杀青具体用时因菇体大小而定,一般蒸、煮至菇体熟而不烂、菇体中心熟透为止。没有蒸、煮透的菇体,内部有硬心,盐渍后易变质;蒸、煮过度,菇体一捏即烂,盐渍后易变形。判断杀青程度的标准:一是用手捏菇体,内部无硬心,有弹性,菌肉内外色泽一致;二是将菇体放入冷水中会沉入水底,即为杀青好的菇体,若菇体浮在水面则表明杀青不足。

(6)冷却漂洗

将杀青后的姬松茸及时捞入流动的冷水中冷却并漂洗,要求菇体冷却迅速,内外冷透均匀,不得有局部过热现象,否则盐渍后会变黑、发臭和腐烂变质。冷却漂洗结束,捞出沥水,即可进行盐渍。

(7)盐渍加工

①配制盐水

在盐渍前先配制好饱和盐水和调酸剂。盐渍用盐一定要用洗涤盐,具体做法:先将盐用适量净水溶解后澄清,用纱布过滤除去杂物,否则将影响盐渍品质量;取过滤液重新结晶,得到的结晶盐加适量开水溶化,直到盐不能溶解为止;再放少量明矾静置,冷却后放入专用缸内备用。

②调酸剂的配制:将50%柠檬酸、42%偏磷酸钠和8%明矾混合均匀,加入饱和盐水中,柠檬酸浓度为10%,pH 3~3.5。

③盐渍:将容器洗刷干净,按每100千克菇加25~30千克食盐的比例逐层放入缸中,先在缸底放1层盐,接着放1层菇(每层8~10厘米厚),依次1层盐1层菇,直至放满缸。缸内注入冷却后的饱和食盐水,再在菇体上撒1层精盐封口。最后缸口加盖用竹片或木条制成的盖帘,并压上石块等重物,使菇体始终浸没在盐水中。缸口用纱布和缸盖封口,以防掉进杂物。3天后倒缸1次,以后5~7天倒1次缸。菇体浸入饱和食盐水中因渗透作用会使饱和盐水稀释,所以盐渍阶段缸内盐渍液浓度应保持在1.19千克/升,浓度过低时,应在倒缸后加饱和盐液补充。

(8)酸装桶

一般盐渍20天,盐水充分进入菇体内,即可装桶。盛装盐渍菇要求用专用塑料桶或软质塑料桶,内衬塑料袋作为内包装,将盐渍菇捞出沥水至水不成线状流出时称重装入,每桶装量为25~50千克。然后加入配制好的调酸剂,淹没菇体,并用精盐封口,以排除袋内空气,扎紧袋口,盖紧内外盖。最后装入统一的加衬硬纸箱或木箱中,用胶布封住,打“井”字包,桶口直立朝上。

此外,姬松茸盐渍菇生产过程中,要注意做好卫生管理,操作人员要戴帽、穿上工作服,防止毛发掉入菇中。

(二)干制加工

姬松茸的干制加工分晒干、烘干两种方式,可以是整菇干制,也可以从菇盖中央至菇柄中央切成两半后,进行干制。采收前1~2天,应减少或停止向菇体喷水,以免增加干制的困难。

(1)晒干

以晴天采收为宜,采收后去掉菇柄或保留菇柄,去除菇柄时应用不锈钢刀或竹片削成的竹刀,按规定长度切除。留菇柄者及时将鲜菇经整理、切削,去掉污物、杂屑等,尽量不要用大水冲洗。将鲜菇置室外通风处,在晒席、竹帘上摊开成薄层,菇盖向下晒干。需2~3天才可基本干燥;为了达到足干,提升菇体香味、品质,在晒干后,应于室内烘烤灶内,置55℃~60℃烘制1~2小时,使其含水量达到规定标准。烘制后较晒干菇,有明显的菇香,且能杀灭菇体内的病虫,延长干菇的贮藏时间。(这种加工方法成本低,但在雨天或雨季,这一方法就不适用了)

(2)烘干

将整理过的鲜菇整菇,或切片菇摆放于烘筛上,按大小分层排放,要求均匀不得重叠。目前适于加工烘干的设施有烘干脱水房、小型烘干房、简易烘干仓等。其要求如下。

晴天采收的鲜菇,含水量相对少,入烤箱温度为35℃~40℃;阴雨天采收菇,起始温度为30℃~35℃。菇体受热后,表面水分迅速蒸发,烘房内湿度达到饱和状态,此时应以最大通气量通风,使水蒸气尽快排出。同时应逐步提升烘干房内温度,每小时约提高4℃~5℃,约8~10小时后,提升到48℃~50℃,通风量控制在最大通风量的60%~50%;11~13小时后,温度为50℃~52℃,通风量为25%~20%;14~15小时后,温度为53℃~55℃,关闭通气窗;16~18小时后干燥温度维持在55℃,结束干燥前0.5~1小时,将温度提升至60℃,直至足干。干制品用手轻折菇柄易断,并发出清脆响声即可。一般8~9千克鲜菇,可烘成1千克成品干菇。

姬松茸干品,气味芳香,菇褶直立色白,整菇完整无碎屑,菇盖淡黄色,无龟裂、无脱皮,菇盖边缘内卷,呈铜锣形,干燥均匀。无开伞、不发黑、无霉变、无畸形等劣变现象。姬松茸目前市场成交量不大,没有产品分级标准,其标准可根据国内外客户需求制定。一般分级标准如下。

一级品:色泽鲜黄,菇盖不开伞;菇盖直径4~8厘米,菇形完整;无泥土、无杂质、无焦味、无虫蛀;含水量小于或等于12%。

二级品:菇盖直径2~4厘米,其余指标同一级品。

等外品:菇盖开伞,破边,部分焦黄,其余指标同一级品。

干品应及时装入内衬塑料袋的编织袋中,再用纸箱或竹、木箱封装,每箱装量净重在5千克。

第三章　杨树菇

一、概述

杨树菇又名柱状环锈伞、柳松菇（上海、台湾）、柳环菌（贵州）、柳菇（云南）、朴菇（福建）等，为担子菌亚门、层菌纲、伞菌目、类锈伞科、田头菇属（田蘑属）真菌。广泛分布于亚洲、欧洲和北美洲的温带地区，是一种世界性食用菌。我国浙江、江苏、福建、台湾、广东、贵州、云南、四川、山西、河南、河北、西藏等地均有野生分布。在福建、江苏、广东、山西、云南等地有少量栽培。

杨树菇营养丰富，味道鲜美，香味浓郁，盖肥柄脆。含有蛋白质、碳水化合物及纤维素，咀嚼感好。所含人体必需氨基酸超过香菇等菇类，深受欧美和东南亚等地消费者欢迎。

杨树菇的药用功能很高，具有利尿、渗湿、健脾、止泻等功能。在闽西民间常用于治疗胃寒、肾炎水肿、腰痛等症。现代研究认为，其子实体的热水提取物具有抗癌活性，对小白鼠肉瘤 S－180 和艾氏腹水癌的抑制率分别为 90% 和 80%。是一种食药兼用的菇类，具有广阔的市场前景。

二、形态特征

菌盖宽 5～10 厘米，半球形至扁平，中部稍突起，幼时深褐色至茶褐色，渐变淡褐色或淡土黄色，边缘色淡，湿润时稍黏，光滑，中部有浅皱纹。菌肉污白色，中部厚。菌褶直生至近弯生，密集，不等长，初白色，后变黄褐色至褐色。菌柄长 3～9 厘米，粗 0.4～1 厘米，污白色，向下渐呈淡褐色，具纤毛状小鳞片，内实至松软，多弯曲和稍扭转。菌环上位，白色，膜质，具细条纹。孢子椭圆形，淡黄褐色;孢子印褐色(图3－1)。

图3－1 杨树菇

三、生长条件

1. 营养

杨树菇的菌丝可利用纤维素、半纤维素,因虫漆酶活性低,利用木质素的能力较差,但蛋白酶的活性比平菇强10倍,因此,在培养料中增加有机氮,如米糠、麦麸、大豆饼粉等的含量,可促进产量提高。

2. 温度

杨树菇为中温型菌类,菌丝生长温度范围5℃～35℃,适温范围21℃～28℃,最适25℃～27℃。在30℃时生长快,但长势稍弱,20℃以下生长变慢。菌丝对低温和高温有较强适应能力,在－14℃下5天和40℃下4天仍能保存活力。原基分化温度10℃～16℃,子实体发育温度13℃～25℃,为恒温出菇型菇,不需要温差刺激,但温差对原基分化和子实体生长有一定促进作用。目前,生产上使用的菌株,子实体发生温度有差别,中温偏低型的菌株子实体发生适温为13℃～18℃;中温偏高型的菌株,适温为16℃～28℃,以24℃最为适宜。

3. 湿度

杨树菇属喜湿性菌类。菌丝生长阶段,培养料含水量在

46%～80%均能正常生长，以64%～67%最为适宜。子实体生长需要较高环境湿度，以85%～95%最为适宜。

4. 光照

菌丝生长阶段不需要光照，无光环境有利于抑制子实体过早发生，从而可避免边发菌边出菇。但在完全黑暗条件下不能形成子实体，出菇期需要漫射光的刺激；原基形成和子实体正常发育，需要500～1000勒克斯的光照。杨树菇有较强的趋光性，可像栽培金针菇那样，采用套纸筒遮光的办法获得菌柄长、菌盖小的优质产品。

5. 空气

杨树菇为好氧菌，生长阶段需要充足的氧气，氧气不足易出现畸形菇。但在出菇期间，料面局部有稍高的二氧化碳，有利于菌柄伸长，这种现象和金针菇栽培时情况相同。菌丝生长阶段，二氧化碳浓度应控制在0.15%～0.2%，原基分化时，控制在0.05%～0.08%，子实体生长阶段控制在0.03%～0.05%，超过上述浓度要及时通风换气。

6. 酸碱度

杨树菇喜偏酸性环境，菌丝生长pH范围在4～6.5，但在弱碱性环境中也能生长，在出菇阶段，培养料表面和内部pH变化不大，一般为5.77～5.87，说明菌丝在代谢过程中产生有机酸很少，因此在出菇过程中不需调节酸碱度。

四、菌种制作

（一）母种制作

1. 菌株选择

目前我国生产上使用的杨树菇品种在30种以上。较优良的有以下几个品种。

（1）A1：为上海农科院食用菌研究所从日本引进，出菇温度范围广，在15℃～27℃下均能出菇，半球状菌盖褐色，菌柄棕色，产量高，袋栽生物学效率达90%～100%。

(2)A3:上海农科院食用菌研究所从日本引进。出菇温度18℃~22℃,子实体半球状,菌盖深褐色,带绒毛,菌柄浅棕色。袋栽生物学效率略低于A1。

(3)杨树菇1号:福建省食用菌菌种站选育,出菇温度15℃~26℃,中偏低温型。子实体灰白色。

(4)杨树菇新优1号、2号:河北省食用菌研究所从日本及广东、四川引进,菌丝生长快,抗逆性强、适应性广,特别适合北方在自然气温下栽培。袋栽生物学效率为87%~96%。

2. 母种分离

杨树菇的母种分离与其他木腐菌一样,可采用孢子分离、组织分离等方法获得。因杨树菇具有单孢结实性,可进行孢子分离。其分离方法如下。

选择品性优良的成熟种菇,插在孢子弹射分离装置的支架上,置通风光亮处在自然温度下进行孢子弹射,经16~20小时后,培养器皿内可收集到足够的孢子,形成褐色孢子印。取出孢子收集皿,用无菌水对孢子连续进行几次稀释分离,将稀释后的孢子液滴在载玻片上,置显微镜的低倍镜下观察,视野中有4~5个孢子为宜。

将孢子液用注射器吸取后注入装有培养基的试管内,注射时针头沿试管壁插入,每只试管注入1~2滴孢子悬浮液,转动试管,使孢子均匀地分布在培养基表面,静置1~2小时后,放入恒温箱内培养。

或将孢子悬浮液注射入灭菌的培养皿内,每个培养皿内注入1~2滴孢子悬浮液;然后在培养皿内倒入已加热溶化并冷却至45℃的琼脂培养基,厚0.5厘米,左右旋转培养皿,混匀,静置1~2小时,入恒温箱内,在23℃~25℃下培养。孢子萌发后,挑取单个菌落移接到培养基斜面上培养,7天左右菌丝长满斜面,如无杂菌污染,即为单孢分离纯菌种。

3. 母种培养

(1)培养基配方

①PDA 培养基:即马铃薯、葡萄糖、琼脂培养基(常规培养基)。

②PDA 加富培养基Ⅰ:PDA 培养基 + 10% 麦麸浸出液代替水,另加硫酸镁 0.3%,磷酸二氢钾 0.2%。

③PDA 加富培养基Ⅱ:PDA 原配方另加蛋白胨 2 克,磷酸二氢钾 1 克,硫酸镁 2 克。

④MYPA 培养基:麦芽浸汁 20 克,酵母浸膏 2 克,硫酸铵 2 克,琼脂 20 克,蛋白胨 2 克,水 1000 毫升。

⑤马铃薯综合培养基:马铃薯 200 克,葡萄糖 20 克,磷酸二氢钾 1 克,硫酸铵 2 克,琼脂 20 克,蛋白胨 2 克,水 1000 毫升。

⑥葡萄糖综合培养基:葡萄糖 20 克,蛋白胨 5 克,磷酸二氢钾 1 克,硫酸镁 0.5 克,琼脂 20 克,维生素 B_1 0.5 毫克,水 1000 毫升。

(2)配制方法

麦麸加水浸泡后过滤取汁,其他按常规配制斜面或培养皿培养基备用。

(二)原种和栽培种制作

1. 培养基配方

(1)阔叶树木屑 78%,米糠(或麦麸)20%,蔗糖 1%,碳酸钙 1%。

(2)阔叶树木屑(或经石灰处理的松木屑)40%,棉子壳 38%,米糠(或麦麸)15%,玉米粉 3%,菜饼粉 2%,蔗糖 1%,石膏粉 1%。

(3)阔叶树木屑(或甘蔗渣)68%,米糠 30%,蔗糖(用甘蔗渣时可不加糖)1%,碳酸钙 1%。

(4)棉子壳 78%,麦麸 20%,碳酸钙 2%。

(5)棉子壳 84%,麦麸 10%,尿素 1%,玉米粉 1%,黄豆粉 1%,石膏粉 1%,过磷酸钙 1%,糖 1%。

(6)玉米(浸泡后煮熟)90%,玉米粉 2%,麦麸 5%,葡萄糖 1%,过磷酸钙 1%,石膏粉 1%。

(7)棉子壳34%,甘蔗渣34%,麦麸30%,碳酸钙2%。

(8)麦粒98%,石膏粉1.5%,碳酸钙0.5%。

2. 配料接种

将以上培养料配方任选一种加水拌匀,使培养基含水量均在65%左右、pH自然。常规装料灭菌接种,每只母种接4~5瓶原种,每瓶种接40~50瓶(袋)栽培种。接种后,在温度25℃左右,相对湿度65%~75%条件下避光培养。经30~35天,菌丝在瓶内长满。菌丝粗壮、浓白,培养后期在培养料表面出现许多小子实体,为正常菌种的表现。

五、栽培方法

杨树菇的栽培方法和其他多数木腐菌相似,可分段木栽培、代料瓶栽、袋栽或箱栽。段木培养采用适生树种,接种后在地面发菌,埋木出菇。因资源缺乏,日本以瓶口直径62~68毫米、容积为850毫升的聚丙烯瓶栽培,我国台湾主要采用太空包装栽培法。目前,国内主要采用袋栽法。在栽培方式上可进行室内床架栽培,室外大棚畦床栽培;或用二段出菇法,即室内床架培养,当袋内菌丝长满后,移到室外埋土出菇。

(一)室内床架袋栽法

1. 栽培季节

杨树菇菌丝生长温度范围较广,5℃~35℃均能生长,子实体分化温度范围为10℃~28℃。根据杨树菇的分化特性,我国大部分地区可进行春、秋两季栽培。长江中下游地区春栽可在2~3月接种,5~6月出菇;秋栽在7~8月接种,9~10月出菇。华南地区春栽可安排在3~4月接种,秋栽在8~9月接种为宜。具体时间要根据当地气候条件而定。

2. 培养料配方

杨树菇可用阔叶树木屑、甘蔗渣、棉子壳、玉米芯作为栽培原料,以棉子壳效果为好;松木屑在经石灰水处理后,亦可用于生产。采用纯阔叶树木屑作栽培原料,必须辅以添加物,否则难以形成子实体。添加物可用麦麸、米糠、玉米粉、黄豆粉、花生饼粉、油粕、混合饲料等，各种添加物均能提高杨树菇生长。最好的添加物是油粕，其次为麦麸和混合料，添加量为10%～30%，以20%为好，其常用生产配方如下。

（1）杂木屑78%，油粕10%，麦麸10%（如不用油粕，则麦麸增至20%），蔗糖1%，石膏粉1%。

（2）木屑40%，棉子壳38%，麦麸15%，玉米粉3%，菜饼粉2%，蔗糖1%，石膏粉1%。

（3）木屑40%，棉壳40%，玉米粉（或豆饼粉）5%，麦麸（或米糠）14%，石膏粉1%。

（4）棉子壳80%，玉米粉（或豆饼粉）5%，麦麸（或米糠）14%，石膏粉1%。

（5）甘蔗渣34%，废棉短绒（或杂木屑）34%，米糠27%，黄豆粉2%，石膏（或碳酸钙）1.6%，石灰0.5%，糖0.5%，微量元素（镁、钾等）0.4%。

（6）甘蔗渣68%，细米糠27%，黄豆粉2%，石膏（或碳酸钙）1.5%，石灰1%，糖0.2%，微量元素（镁、钾等）0.3%。

3. 配制方法

上述配方任选一种，加水适量拌匀使含水量均在65%左右，pH 6左右。

4. 装袋灭菌

当天拌料，当天装袋，采用规格为17厘米×33厘米（或14厘米×38厘米）、厚0.05毫米的聚丙烯或聚乙烯塑料袋做栽培容器，装入培养料，装料松紧要适度，上部稍紧些，过松容易失水，影响正常出菇。料面要平整，中间用锥形棒打一约占栽培袋深度2/3的接种孔，以固定菌种，有利于发菌。压实后料袋高10～14厘米，每袋装干料300～320克，湿料重480～520克。装料后，清洁袋口，套上颈圈，并塞好棉塞或将袋口折下，用别针封住进行灭菌。

高压灭菌在121℃下维持1.5～2小时；常压灭菌在100℃下

维持 10～12 小时，以达到彻底灭菌的目的。

5. 接种要求

将灭菌后的料袋趁热移到接种室，用金星消毒液或甲醛熏蒸消毒。待料温降到 30℃后方可接种，每瓶菌种(750 毫升)可接种 35～40 袋。按无菌操作进行，菌种可一部分放入孔穴内，一部分放在料面，以利菌丝尽快占领栽培袋，减少杂菌污染机会。接种过程中如袋口棉塞变湿，应换消毒过的干棉塞，以防感染杂菌。

6. 发菌管理

接种后，将栽培袋移入栽培架上培养，可堆放 3～5 层，每平方米可放 80 袋左右，室温控制在 25℃左右，若温度超过 30℃，应及时翻堆或疏散，以利温度下降。空气相对湿度控制在 65%～70%，当料中可见黄色至黄褐色的分泌物，继而出现深色斑块，菌丝即达到生理成熟，转入生殖生长。此时应敞开袋口，增加菇房相对湿度至 85%～90%，并打开门窗加大通气量和光照度，以刺激原基分化。

一般在开袋后的 10～15 天即可出现菇蕾，此时要脱去塑料袋，使菌块完全暴露于外，在菌块四周均可形成新的原基，可增加出菇面积，提高出菇率。若菌块上原基分布不够均匀，局部过密时，要进行疏蕾，以利幼菇在生长时能获得足够的营养，长成朵形较大的优质菇。

7. 出菇后的管理

在子实体生长过程中，必须保证菇房有足够的湿度，空气相对湿度不能低于 90%。若过于干燥，子实体难以正常生长；但相对湿度超过 95%，子实体则极易开伞。此外，在菇房加湿过程中，要防止水滴溅落在子实体上，否则会影响菇的品质，甚至导致腐烂。

子实体生长过程中还需要加强通风和增加散射光。通风时注意室内空气流动不能过分剧烈，使床面上部保持有一定浓度的二氧化碳，以达到抑制菌盖过分生长，加速菌柄伸长的目的。一定的散射光可促进子实体粗壮，加深色泽，提高品质。

8. 脱袋栽培

可采用室内养菌，室外阳畦出菇法，具体方法如下。

（1）整理畦面：选排水良好的栽培地整成1.2米宽的畦床，畦面喷洒杀虫剂和多菌灵，对处理过的畦面再撒一层石灰粉，对畦床周围也要同样处理。

（2）脱袋覆土：将培养好的菌袋脱去后，卧排到畦床上，上面盖上报纸，取覆土（沙壤土、菜园土、稻田土）盖2～3厘米厚，上面再盖薄膜，以利保湿。覆土可减少热量和水分蒸发，防止料面干燥；覆土有养菌作用，在覆土保护下，表面菌丝老化慢，可延长采菇期。

（3）拱棚出菇：当畦床边菌丝粗壮、浓白，并出现原基时，将薄膜用竹片支起约10厘米高，使之顺利分化。阳畦以拱棚遮盖保湿，空间湿度应保持在90%～95%，出菇期可向阳畦两边沟内灌水保湿。

若采用不脱袋栽培法，要及时解开袋口，并将袋口拉直，上覆地膜，以保湿润。开袋后，应增加空气相对湿度至90%～95%，每天早晚各喷水一次，尽量避免直接喷在料面，可在地面泼水保湿，适当增加一些散射光，并加强通风换气，一般开袋10～15天后现蕾。

9. 病虫害防治

杨树菇因出菇季节气温较高，极易发生虫害，如菌蛆等，可用1%菊乐合酯或其他菊酯类，如敌杀死、速灭杀丁等进行防治。但要注意避开出菇期，以免污染菇体。

10. 采收及采后管理

（1）采收

当子实体菌盖呈半球形，菌膜尚未破时即可采收。杨树菇的菌盖易脱落，当菌盖展开，菌膜即将破裂时，及时将全丛一起采收。

（2）采后管理

采收后及时清理料面，挖去残留菇根和枯萎菇，将袋口折封

2~3天,以促进菌丝恢复。

(二)室外大棚畦栽法

据陈若霞等(2000)报道,浙江省宁波市农业科学研究所采用塑料大棚内套小拱棚,设内外双层遮阳网,在畦床上进行袋栽,不但有利于出菇期的保温保湿,而且通风、光照条件好,生产性状稳定。其技术要点如下。

1. 场地准备

选用排水良好、通风向阳的地块建塑料大棚,在大棚外四周开深20厘米的排水沟,棚内做宽1米、深10厘米的畦床,消毒备用。

2. 菌袋制作

(1)制袋时间

制袋接种时间在3月下旬或8月下旬至9月初。栽培袋采用17厘米×33厘米或14厘米×25厘米的聚乙烯或聚丙烯袋。

(2)培养料配方

可选用以下配方。

①棉子壳39%,木屑39%,麦麸15%。

②棉子壳53%,废棉30%,麦麸10%。

③杂木屑78%,麦麸15%。

以上配方中均加玉米粉5%,蔗糖1%,石膏粉1%,调含水量至65%~67%,pH 6~7。按常规配料装料、灭菌、接种。

(3)发菌管理

接种后,将菌袋置于25℃左右、通风、黑暗的环境中培养35~40天,至菌丝在袋内长满。在发菌中期需将袋口所扎橡皮筋松动1次或去掉,以增加袋内氧气,促进发菌。菌丝长满袋后,继续培养15天左右达到生理成熟。将袋口打开,向下翻卷至离料面4厘米处,依次排放到畦床上,在畦床上加盖小拱棚防雨遮阳。为了出菇整齐,也可在料面作环状搔菌(一般头潮菇出菇前不作搔菌处理)。

(4)出菇管理

先在袋口灌一层水，浸 6 ~ 10 小时后倒掉。然后在 18℃ ~ 20℃下培养 7 天左右，即可现蕾。在此期间，大棚和小拱棚早晚各通风半小时，并保持棚内空气相对湿度在 85% ~90%。湿度不够时，向畦床四周地面和空间喷水，不宜直接向料面喷水。原基形成后需氧量大，可将小拱棚两端塑料薄膜揭开，只盖遮阳网，棚中间也可揭起 1 ~2 处；大棚每天早、晚各开门半小时，保持空气相对湿度在 95%左右。约经 10 天子实体即可长大。

(5)采收与采后管理

采收标准同前述。头潮菇采收后，去掉料面残留的菇根、死菇。如果菌袋重量明显减轻，可再次灌水，6 ~10 小时后倒掉。搔菌后盖上塑料薄膜催蕾，经 15 天左右第二潮菇的菇蕾即可出现。如温湿度适宜，可出 4 ~5 潮菇。

(三)菇棚覆土栽培法

据吴少凤等(2000)报道，福建省建阳市采用菇棚畦床覆土出菇，能明显改善出菇后期培养料失水过多的问题，并可降低污染率，同时还有养菌作用，生物学效率可达 80% ~85%。其栽培技术如下。

1. 栽培季节

一般地区春季栽培在 2 ~3 月份接种，4 ~7 月份出菇；秋季栽培在 9 月中下旬接种，10 月下旬到 11 月底及翌年 3 月份出菇。

2. 菌袋制作

(1)培养料配方

①木屑 40%，棉子壳 38%，麦麸 20%，蔗糖 1%，石膏粉 1%。

②木屑 34%，棉子壳 30%，麦麸 33%，蔗糖 1.5%，碳酸钙 1.5%。

(2)配制方法

料水比1:1.2。拌料时加入适量生石灰，培养料灭菌前调 pH 在 10 左右，能有效地降低污染率。石灰添加量为干料重的6% ~8%。拌棉子壳时，先用石灰水预湿，然后再与其他原辅料混合均匀。培养料含水量的控制原则是宁干勿湿。

栽培袋采用12厘米×50厘米低压聚乙烯袋,装料后袋径约8厘米。及时按常规灭菌。

(3)接种

接种时,将菌袋稍压扁,在同一平面上打孔3~4个接入菌种,接种后用透明胶带贴封孔口,以防污染。

3. 发菌管理

接种后,在菇室(棚)内地面上码袋发菌,每层3袋,每堆10~12层,堆间应留有一定距离。当接种孔菌落直径达4~6厘米时,揭开封口胶带一角,或在每个接种孔的胶带上穿刺直径0.3厘米以下、深2厘米以上的透气孔,促进菌丝生长。除刺孔增氧或因堆温过高而需疏散外,在发菌期间尽可能不要翻动菌袋,以避免吸入的空气带进杂菌造成污染。发菌室内前期要求保持黑暗,待菌丝接近长满时,适当增加光照,促进菌丝生理成熟。

4. 排畦覆土

栽培杨树菇的阴棚应适当加大荫蔽度,棚顶透光率以0.2为宜,四周挡风墙的透光率要求低于顶棚。这样可增加菇柄的长度,避免菇柄弯曲,提高商品价值。阴棚内做畦,宽约30厘米,高10~15厘米,用于排放菌袋。

当菌丝满袋后8~12天,接种口周围有少量原基出现时,便可排畦覆土。排畦前,用锋利的小刀在菌袋上划出菇道,菇道长约38厘米(比菌袋稍短),宽4厘米,并将划割处的塑料薄膜挑除,使之成为以3个接种口连接线为中心的出菇道。将出菇道朝上,把菌袋并列排放在畦床上。随即在菌袋上覆土,以富含腐殖质的壤土为好,覆土层厚2~3厘米。然后在畦面架设塑料小拱棚遮阳防雨。

5. 出菇管理

(1)调好棚内温度:出菇前,通过掀盖小拱棚的塑料薄膜来调节棚内温度,使棚内温度保持在10℃~30℃。在此温区内,如能加以温差刺激,保持高温30℃左右或低温23℃以下3~5天,将有利于原基形成,使出菇更为整齐,潮次明显。

(2)床面喷水:以保持覆土湿润不发白即可。喷水宜采用少量、多次、细喷的方法,如果畦床有积水,会造成烂袋。

(3)加强通风透气,要将拱棚两端塑料薄膜全部揭开,两侧塑料薄膜向上揭开一部分,与畦面有 10 ~ 20 厘米距离即可。

6. 采收

在上述条件下,一般 7 ~ 10 天便开始出菇,菇体成熟即可采收。

(四)日本瓶栽法

杨树菇在日本主要采用瓶栽法,现将日本杨树菇主要产区爱知县的栽培方法介绍如下。

1. 原料选择和培养料配方

栽培原料一般采用柳杉、扁柏、山毛榉、菩提树、铁杉、鱼鳞松的木屑,以前 4 种,尤其是前 2 种的效果最好。木屑中需添加一定数量营养添加剂,常用的是米糠、麦麸或玉米粉,其中以米糠较为理想。柳杉或扁柏木屑与米糠的容积比10:3。培养料含水量在 65% 左右,pH 6。

2. 装瓶、灭菌

栽培容器采用800 毫升聚丙烯塑料瓶,装料后,连瓶重 530 克左右。采用装料 1 千克的聚丙烯塑料袋作栽培容器,虽然装料多,可出大型菇,但单位重量培养料的产菇量低于 800 毫升的瓶栽。因此,以 800 毫升瓶栽为宜。

培养料采用常规操作方法装瓶后灭菌,灭菌用高压、常压均可。高压灭菌在 125℃条件下维持 50 分钟,常压灭菌在 100℃下维持 5 小时左右即可。

3. 接种要求

灭菌后待料温降至 25℃以下时进行接种。接种在消毒过的洁净室按无菌操作进行,每瓶接木屑菌种 20 毫升,因杨树菇菌丝生长较慢,故接种量宜稍偏大,并使菌种从接种孔进入培养料的底部。接种后用棉塞封闭瓶口。

4. 培菌管理

接种后将菌瓶在温度23℃～25℃，相对湿度70%以下条件下培养20～25天，菌丝在容器内长满。接种初期因菌丝生长缓慢，要防止杂菌污染，在通风换气时，要防止空气强烈吹动。在接种后的前两周要经常检查发菌瓶，发现污染及时处理。

5. 搔菌要求

在菌丝培养过程中，为使菇蕾萌发整齐，需要进行搔菌。在培养后30天内进行搔菌的出菇量显著增多，超过30天则易使菇蕾推迟出现，并易枯死，培养料变干。因此必须适时搔菌。

搔菌方法：用搔菌工具将菌瓶表面培养基耙松，以增氧气，促进菇蕾形成。

6. 出菇管理

搔菌后，将栽培瓶移入出菇室，在菌瓶内倒入一杯清水，放置一昼夜后将多余的水倒出，盖上湿报纸使其萌蕾。出菇室温度应控制在18℃～22℃，相对湿度90%，光照度300勒克斯左右。此后注意通风换气，使二氧化碳浓度不超过400微升/升（0.04%）。在上述管理条件下，经5～10天，培养料表面即可形成菇蕾。

菇蕾形成后，控制室温在18℃～22℃，相对湿度85%～90%，光照强度300～500勒克斯，二氧化碳浓度在300微升/升（0.03%）以下，以利菇蕾发育。

随着菇蕾长大，要立即将报纸去掉。为了得到菇柄长、菇形好的子实体，在子实体生长期可在瓶口套上比口径稍大的纸筒或塑料筒，这样有利于保温保湿，增大局部二氧化碳浓度，达到抑制菌盖开伞，促进菇柄生长的目的。在气温较高时，瓶口宜套松些，以免瓶中温度过高，而致幼菇腐烂或萎缩。

7. 采收与采后管理

第一批菇采收时间在搔菌后的15天左右。采菇后要进行第二次搔菌，再按前述要求管理，第二批菇约在搔菌后20天采收。当菌盖长到3厘米左右，子实体八分成熟，菌膜尚未破裂前为采收适期。菌膜破裂，菌褶开始释放孢子，失去商品价值。瓶栽只采收两批菇，每瓶可采鲜菇100～120克。日本的杨树菇主要用于鲜销，采收的鲜菇用浅盘盛装上市。

（五）白色杨树菇栽培法

白色杨树菇又名白杨树菇、白色茶薪菇、雪莲菇等，是杨树菇的白色变种。菇形美观，味纯清香，口感佳。具有抗衰老、降低胆固醇、防癌抗癌等功效。

1. 菌种制作

母种菌丝在 PDA 培养基 +0.2% 硫酸镁 +0.3% 磷酸二氢钾能正常生长。

2. 栽培季节

白杨树菇属低温型菌类，出菇季节宜选择深秋至春季为宜，12 月至翌年 1 月接种，3～4 月出菇。

3. 培养基配方

适宜白杨树菇生长的培养基配方

①阔叶木屑 70%，麸皮 20%，玉米粉 4%，黄豆粉 2%，石灰 2%，蔗糖 1.6%，磷酸二氢钾 0.2%，硫酸镁 0.2%。

②棉子壳 45%，木屑 30%，麸皮 22%，石灰 2%，蔗糖 1%。

③棉子壳 45%，木屑 35%，麸皮 17%，石灰 2%，蔗糖 1%。

以上各配方料水比为1∶1.3，pH 调至 6.5～7.5。

4. 灭菌及接种

培养料装袋后，常压灭菌 16～20 小时，冷却至 25℃。在接种箱或袋两头接种，用种量 5%～10%。

5. 培养发菌

接种后套上套环，塞紧棉塞，堆于室内发菌、养菌。室内温度保持在 20℃～25℃，空气相对湿度控制在 65%～80%。期间注意通风换气，降低室内二氧化碳浓度，经常翻袋散热，一般经35～50 天菌丝可长满菌袋。

6. 出菇管理

将菌丝出现扭结的菌袋两头打开，对培养料喷雾补水，覆盖薄膜保湿催蕾。棚内温度控制在 12℃～17℃，经 5～6 天撤去覆盖物，适当通风。增加光照，促进原基分化。以后温度控制在

20℃～25℃，空气相对湿度控制在85%～95%，经10～15天即可出菇。

7. 覆土出菇

在建好的菇棚内整理出宽100厘米、深15厘米的畦，留人行道宽40厘米。先用500倍氯氰菊酯液喷洒在畦床及菇房内外，后用硫黄拌木屑燃烧熏菇棚24小时，揭膜通风散气。脱去长满菌丝的塑料袋、间距1～2厘米直立排放于畦床，菌袋间及表面用消过毒的营养土（菜园土）填充、覆盖，覆盖厚度0.5～1厘米，洒水至土湿润，覆盖地膜，使温度达到22℃～26℃，空气相对湿度控制在85%～95%，经10～20天即可采收。

8. 采收及采后管理

当菇体长至约18厘米高、菌膜尚未破裂时及时采摘。头潮菇采后应及时除去菇脚、死菇及其他杂物，用喷壶给培养料喷足水分，菌袋盖上塑料薄膜再一次发菌、养菌，即进入转潮菇生产。

采收两潮菇后，培养料养分及水分消耗较大，须及时补充一定量的养分和水分。营养液为：磷酸二铵1%、尿素0.3%、葡萄糖0.3%、硫酸镁0.2%。层架出菇的应削去菌袋表层1厘米厚的僵硬培养料，然后将营养液喷洒在培养料上，覆土栽培的直接将营养液喷在土表，并喷足水分，即可进入第三潮菇生产。层架出菇的，后期经过脱袋覆土可多采两潮菇。也可结合激素处理（如三十烷醇），可明显提高产量。

（六）木薯皮栽培杨树菇技术

据广西职业技术学院韦文添、岑志坚、劳有德（2000）报道，栽培杨树菇目前国内主要用棉子壳、木屑、甘蔗渣、玉米芯等作主料。棉子壳供应越来越紧张，成本较高，而利用木薯加工的废料——木薯皮栽培杨树菇，对降低成本，提高经济效益，有着现实的意义。笔者经两年实践，木薯皮栽培杨树菇简便可行，现简介如下。

1. 栽培季节

有条件的可进行周年栽培。在自然条件下，应选择温度在

20℃～25℃的春秋季节栽培。

2. 菌种制作

用组织分离法很容易得到纯母种。培养基采用PDA培养基：马铃薯去皮200克，葡萄糖20克，琼脂20克，水1000毫升；或用MYPA培养基：麦芽汁20克，酵母浸膏2克，蛋白胨1克，琼脂20克，水1000毫升。原种、栽培种，可用麦粒、高粱粒、棉子壳等做原料，经过浸泡，拌2%～3%的石膏，之后装瓶或装袋，塞上棉花塞或扎好袋口，用高压蒸气灭菌，冷却后在无菌箱中接种。在25℃下，培养20～30天即可。

3. 制栽培袋

生木薯皮使用前暴晒1～2天。培养料按木薯皮78%、米糠或麸皮20%、石灰1%、石膏1%配制。称好所需的主辅材料，料水比1∶1.1～1.3，先将主料和辅料拌匀，再把石灰和石膏溶于水后调料。培养料含水量控制在65%～68%，用手紧握培养料指缝间渗水欲滴即可。用17厘米×35厘米的聚丙烯塑料袋装袋，适当压紧，套上颈圈，塞好棉塞，包上牛皮纸，也可以直接用绳子扎紧。装好的料袋及时灭菌，常压灭菌10～12小时，高压灭菌0.9兆帕1.5小时。冷却至常温后在接种室或无菌箱按常规要求接种。

4. 发菌管理

将接种后的培养袋放入培养室培养发菌，温度控制在25℃～27℃，经30天左右菌丝就可长满培养袋。培养期间，定期检查剔除污染的培养料。

5. 出菇管理

将长满菌丝的栽培袋移入出菇房（棚）内，出菇房应预先消毒。有小菇蕾出现时及时拔掉棉花塞，打开袋口，排在菇架上，盖上旧报纸，并喷水保湿，早晚各通风一次，每次1小时左右。温度控制在15℃～25℃，相对湿度控制在80%～90%，促进子实体生长。

6. 采收与采后管理

在杨树菇菌膜未破裂时及时采摘,整丛采下。每潮菇采收后清理料面,停止喷水,待料面有小原基时,再适当喷水,增加湿度,促使下潮菇的发生。

第四章 几种珍稀菇菌

一、田头菇

(一)概述

田头菇又名柱状田头菇、柱状环锈伞、柳菇、茶菇、柳环菌、柳松菇,日本名柳松茸、柳茸。属担子菌亚门、层菌纲、伞菌目、类锈伞科、田头菇属(田蘑属)。广泛分布于亚洲、欧洲和北美洲的温带地区,是一种世界性食用菌。我国浙江、福建、台湾、贵州、云南、广西等地有野生分布。

据报道,公元前 50 年,意大利已有人工栽培的记载,20 世纪 70 年代后期,日本开始研究和栽培。我国栽培研究始于 1982 年(李宗文、黄年来),90 年代初逐步引起重视,陈明忠、张嘉健、王梓英(1991),胡约明(1992),陈尤经、应国华(1993),张松年(1994)均先后报道过引种驯化该菇的研究结果。目前,在福建、江苏、广东、云南、山西等地已有少量栽培。

该菇适应性强,容易产生子实体;出菇温度范围广,在我国南方,除了盛夏和寒冬,其他季节均可利用自然温度栽培;生物效率高,经济效益优于平菇、香菇和金针菇等菇类,产品可鲜销和制罐,在南欧、东欧、美国东南部和日本,都有较大消费市场,具有良好的发展潜力。

(二)营养成分

据测定,子实体中所含营养成分多数比滑菇高,如表 4-1、2 所示。

表4-1 柱状田头菇子实体成分与滑菇比较

100克鲜样成分含量	菌盖含量	菌柄含量	滑菇
水分(%)	91.36	92.03	95.2
粗蛋白(克)	3.52	2.20	1.4
粗脂肪(克)	0.18	0.08	0.2
碳水化合物(克)			
糖类	3.26	4.07	2.5
纤维素	0.66	0.84	0.3
灰分	0.99	0.78	0.4
矿物质成分(毫克)			
钙	0.7	0.7	2.0
钠	0.8	1.4	0
钾	445.8	369.0	0
磷	145.2	78.1	37.0
铁	1.1	0.7	2.0
维生素(毫克)			
B_1	0.09	0.06	0.09
B_2	0.02	0.01	0.07
C	0	0	0
E(微克)	9.5	5.6	0
胡萝卜素(国际单位)	0	0	0

注:此表引自木内信行《柱状田头菇的栽培及存在问题》,《国外食用菌》1990(2)。

表4-2　柱状田头菇氨基酸含量(毫克/100克鲜样)

成分	幼菇盖	幼菇柄	成熟菇盖	成熟菇柄	子实体
天冬氨酸	268	156	236	206	215
苏氨酸	130	77.0	111	102	104
丝氨酸	117	204	98.9	87.7	91.3
谷氨酸	380	62.1	329	266	291
脯氨酸	209	77.9	88.1	89.9	103
甘氨酸	138	112	115	100	106
丙氨酸	180	8.0	152	147	146
半胱氨酸	0	94.8	0	0	1.7
缬氨酸	161	21.3	137	124	128
蛋氨酸	38.8	74.0	33.9	27.1	29.9
异亮氨酸	12.9	111	109	95.7	100
亮氨酸	190	111	164	140	149
酪氨酸	94.2	61.9	82.5	76.3	78.1
苯丙氨酸	138	83.9	116	106	109
氨	79.8	60.7	67.8	71.8	69
鸟氨酸	0	0	0	0	0
赖氨酸	191	107	160	134	146
组氨酸	65.5	35.8	54.2	44.8	49.3
精氨酸	172	88.4	145	114	128
总量	2565.2	1546.8	2199.4	1932.3	2044.3

注:此表摘自早川利郎等. 代料栽培柱状田头菇的化学成分. 国外食用菌,1993(3)

(三)药用功能

该菇具有渗湿、利尿、健脾、止血等功效。子实体中含有丰富的多糖和麦角固醇,其多糖含量为6.63%,远高于灵芝。麦角固醇含量为1.46%,其热水提取物具有抗癌活性。在闽西北民间,常用于治疗胃冷、腰痛、肾炎水肿等疾病,疗效甚佳。

(四)形态特征

田头菇子实体丛生或散生。菌盖初期半球形,直径1~1.5厘米,后平展为扁平、圆形或稍带椭圆形。中央平或稍下凹(日本种圆整,中央稍实),直径3~6厘米,盖面光滑,湿时黏,干时有光泽,初为暗红褐色,后为褐色或浅黄褐色,边缘淡褐色,有浅皱纹。菌肉白色,不变色,表皮下和菌柄处带褐色。菌褶直生,密集,幅宽。初时色淡,后期锈褐色或咖啡色。菌柄长3~8厘米,近圆柱形,常弯曲,中实,后中空,纤维质,脆嫩,表面有纤维状条纹,近白色,基部常污褐色。菌环膜质,生于菌柄上部。菌盖完全展开后,与菌柄分离成箭头状。菌盖开伞后菌环残留在菌柄上部或黏附在菌盖边缘或自动脱落。担子木棒状,上生4个担孢子。担孢子平滑,椭圆形,浅褐色,8.5~11微米×5.5~7微米。孢子印呈污枣褐色至深褐色。菌丝体白色,绒毛状。培养后期可形成铁锈色厚垣孢子。双核菌丝具明显锁状联合(图4-1)。

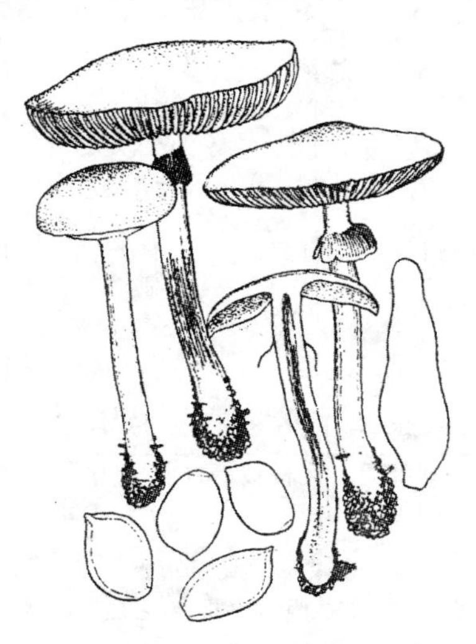

图4-1 田头菇

(五)生长条件

1. 营养

田头菇菌丝体生长的最适碳源是葡萄糖,最适氮源是蛋白胨和半胱氨酸。其菌丝能在较广的碳氮比范围内生长(25~70:1)。最适碳氮比为60:1。在自然条件下,田头菇多野生于杨、柳、榕等阔叶树的枯干和伐桩上,从中获取所需营养物质。人工栽培时,应选用白杨、黑杨、栎树、小叶榕等适生树种的木屑做原料为宜。在栽培中,以木屑、棉子壳、甘蔗渣为碳源,加入各种合适的氮源,如麸皮、米糠、玉米粉、大豆饼粉等,有利高产。

2. 温度

田头菇属中温型菌类,发菌期菌丝生长温度范围为5℃~34℃,最适温度25℃左右。田头菇属恒温结实型菌类,由发菌转入出菇阶段不需变温刺激。原基分化和子实体生长的温度范围是10℃~30℃,最适温度为20℃~22℃,出菇温度以18℃~20℃为最佳。子实体在偏低温下生长缓慢,但朵大、肉厚,品质好。

3. 湿度

菌丝生长阶段要求培养基含水量为65%;空气相对湿度保持在60%~70%,以不超过70%为宜。子实体形成和生长阶段,要求空气湿度保持在85%~90%。若湿度过高,菇体极易开伞,湿度过低,菇体干瘪长不大。配料时棉子壳培养料的料水比为1:1.2~1.3;木屑料的料水比为1:1.1~1.2;稻草、甘蔗渣料水比为1:1.3~1.4为好。

4. 光照

菌丝生长不需光照,在黑暗条件下生长良好。现蕾期需150~250勒克斯散射光,子实体生长期需300~500勒克斯散射光。

5. 空气

田头菇属好气性菌类。发菌期与出菇期均需一定新鲜空气,应有良好的通风。发菌期通气不良,会造成菌丝生长缓慢,大批菌袋污染杂菌。出菇期要求更多通风。二氧化碳浓度若超过

0.03%,就会形成柄长盖小的畸形菇而失去商品价值。

6. pH

培养料的pH 4~7,菌丝均能生长,4以下或7以上,菌丝生长不良,最适pH为5.5~6.0。在培养料中添加3%~8%的石灰均能促进菌丝生长,并能促进原基分化和子实体发育,从而提高产量19%左右。

(六)菌种制作

1. 母种制作

(1)母种来源:引种或采用组织分离法培养获得。

(2)培养基:田头菇母种可在PDA培养基(马铃薯200克,葡萄糖20克,琼脂20克,水1000毫升)上外加蛋白胨10克,按常规进行配制。

(3)接种培养:将田头菇母种在无菌条件下接入配制好的斜面培养基上,置25℃左右下培养,经7~15天,菌丝可长满斜面,如无杂菌即可作为母种。不及时使用,可在冰箱内保存半年。

2. 原种和栽培种制作

(1)培养基:可用小麦粒、高粱粒、棉子壳等做原料制作原种和栽培种,棉子壳菌种按常规制作。小麦、高粱粒按麦粒菌种制作法进行制作。

(2)接种培养:培养基经高温灭菌后,在无菌箱内接入母种或原种,置25℃下培养20~25天,当菌丝长满瓶、袋料后,即为原种栽培种。如无杂菌污染,即可用于生产。

(七)栽培技术

1. 室内袋料栽培法

(1)栽培季节

根据田头菇菌丝生长和子实体发育对温度的要求,在自然条件下,以选择当地气温在20℃~25℃的春秋两季进行栽培为宜。如有控温调湿设施,一年四季均可栽培。

(2)制栽培袋

①培养料及配方

田头菇菌丝分解木质素能力较弱,分解蛋白质能力很强,能利用纤维素。栽培原料可选棉子壳、甘蔗渣、玉米秸以及软质树的木屑。木屑经堆积处理,陈旧的较好。配方可选用以下几种。

A. 木屑 70%,麸皮或米糠 27%,石膏 1.5%,过磷酸钙 0.5%,糖 1%,含水量 65%,pH 6。

B. 棉子壳 75%,麸皮或米糠 20%,石膏 1.5%,玉米粉 2.5%,糖 1%,含水量 65%,pH 6。

C. 甘蔗渣或玉米秸(粉碎)70%,麸皮或米糠 25%,石膏 1.5%,玉米粉 3%,过磷酸钙 0.5%。

②制袋与灭菌

塑料袋应选择 16 厘米宽的聚丙烯或低压聚乙烯筒,厚度 0.06 毫米,长度 27 厘米,筒底用电热丝封口。按配方称足原料,混合拌匀,培养料含水量为 65%,pH 6。培养料填入袋至袋高 13 厘米(折干料重约 250 克),袋中间用圆锥木棒打孔,孔深 8 厘米。然后擦净袋壁,套上套环,塞上棉塞。常压灭菌温度 100℃保持 8 小时。待温度下降到 30℃以下出炉接种。

③接种与培养

选择菌丝生长正常、健壮、无杂菌的菌种,在接种箱内无菌操作接种,接种量为袋重的 4% ~5%,接种后在暗室内培养。室内要预先消毒,调节温度 25℃ ~27℃,空间相对湿度 60% ~65%。要定时检查,发现杂菌及时处理,以防扩散污染。一般菌丝走满袋需要 40 ~50 天。

(3)出菇管理

菌袋走满菌丝后搬入出菇房出菇,此时要做好以下管理工作。

①通气保湿　菇房要求通气好,保湿,有散射光。菌袋放于地面或架上,每平方米置 80 袋。菌丝从营养生长转入生殖生长时,料面颜色起变化,初时出现黄水,继而呈现褐色斑块,接着出现小菇蕾。

②开袋出菇　菇蕾出现后要及时开袋,去掉棉塞,并拉直袋

口,上覆地膜保湿、调气,保持空间相对湿度 85% ~90%,适度通风,保持菇房空气新鲜。

③疏蕾　田头菇在出菇时易形成菇体群,群集的菇蕾数量很大,而能生长成形的只是一小部分,而且菇体大小也参差不齐,影响菇质,为了生产出大小一致,菇朵较大的商品菇,必须及时采取适当疏蕾措施。

(4)采收及采后管理

田头菇从出菇蕾到采收,一般需要 7 天。成熟时菌盖由半球形逐渐展平,当菌盖开始平展,菌环尚未脱离菌盖时就要采收。这样的菇品质好,若过早采收影响产量,过迟采收质量差。采收的菇可鲜销,也可烘干或晒干待售,干菇气味芳香,泡胀后清脆如鲜,商品价值更高。

采完菇后要清理干净料面,袋口捏拢,适当"闷"一下,待出现菇蕾时重复以上管理。采收两批菇后料已过干,每袋要适当灌水,以利再出菇,一般可采 4 ~5 潮菇,生物学效率可达 100% 以上。

2. 室外棚栽法

据陈若霞等(2000)报道,浙江宁波市农科所食用菌室采用钢管尼龙大棚内套小拱棚的内外两层遮阳网,袋栽田头菇,由于保温、保湿和通风、透光条件好,有利菌丝和子实体生长发育,获得较高经济效益。其栽培技术要点如下。

(1)场地准备

选用地势较高、平坦、排灌方便、交通便利的空闲田作栽培场所。在建大棚的四周开挖20 厘米深的排水沟,棚内做成宽 100 厘米、深 10 厘米的菌床,消毒后备用。

(2)菇棚的搭建

用铜管(或竹木)、铁丝、钢筋等材料搭建成高 1.8 ~2 米,宽 3.5 ~4 米,长 20 米的中型棚架。东西走向,上覆双层苇箔中间夹塑料膜封顶,以便通过揭盖覆盖物来调节棚内的温度和光照。棚内的菌床上放袋发菌及出菇时,用竹、木条拱小棚覆膜,使其成为大小套棚。

（3）菌袋制作

①培养料配方　可因地制宜选用以下几种配方。

棉子壳 39%，木屑 39%，麸皮 15%，玉米粉 5%，糖、石膏各 1%，含水量 65% ~67%，pH 6 ~7。

棉子壳 53%，废棉 30%，麸皮 10%，玉米粉 5%，糖、石膏各 10%，含水量 65%，pH 6 ~7。

杂木屑 78%，麸皮 15%，玉米粉 5%，糖、石膏各 1%，含水量 65%，pH 6 ~7。

②配料装袋　以上任选一方，按常规配制后装袋。塑料袋可用 17 厘米 ×33 厘米或 14 厘米 ×25 厘米的聚乙烯或聚丙烯袋。装料时边装边压实，使料紧贴袋壁，防止子实体从袋壁发生而影响菇形。

③灭菌、接种　装好袋后及时灭菌，常压灭菌 100℃维持 8 ~10 小时，高压灭菌在 1.47×10^5 帕下维持 1.5 ~2 小时。冷却后按常规接入菌种。

（4）培菌管理

接种后将菌袋置于 25℃左右、黑暗、通风的培养室发菌，经 35 ~40 天，菌丝可长满袋。在发菌中期，要将袋口扎线松开或去掉，以利增加袋内氧气，促进发菌。

（5）排袋出菇

菌丝长满袋后，经 15 天左右后熟，将袋口打开，并将塑料膜往下卷至离料面 4 厘米处，依次排放于棚内菌床上，盖上小拱棚，准备出菇。

（6）出菇管理

出菇时为了使子实体大而菇形整齐，可在料面作环状搔菌。搔菌后先在袋口灌一层水，浸 6 ~10 小时后将水倒掉，以湿润料面利于出菇。然后控温 18℃ ~20℃，培养至 7 天左右即可现蕾。在此期间，大棚和小拱棚每天早晚各通风半小时，并保持棚内空气相对湿度在 85% ~90%，如天气干燥，应向菌床四周土壤和空间喷水增湿(但不可直接向料面喷水)。原基形成后需氧量增大,此时可将拱棚两头的薄膜揭起,棚中间也可揭起1~2处,大棚每天早晚各开门通风半小时,以增加新鲜空气和有适当的散射光照,并保持空气相对湿度在95%左右,经10天左右,子实体即可长大成熟。

(7)采收与采后管理

当菌盖呈半球形,直径在1厘米左右,菌柄长3~4厘米时,喷一次水,以增强菇体韧性,避免采菇时造成菌盖破损。然后一手护住菌袋,一手轻轻将子实体拧下。采菇后及时去掉料面残留的菇柄,死菇等杂物,如料袋重量明显减轻,可再次向袋口灌水浸泡6~8小时后倒掉,以补充失去的水分。并搔菌一次,盖上薄膜复菌催蕾。经15天左右,又可出现二潮菇蕾。如温、湿度适宜,可先后出菇4~5潮,生物学效率可达120%左右。

(八)病虫害防治

田头菇在子实体生长过程中常发生以下病虫害。现将有关病虫害症状、发生条件及防治方法介绍如下。

1. 常见病害

(1)细菌性腐烂病　从病原分离出黄色假单孢杆菌和托氏假单孢杆菌。

①症状:表现为菇体水渍状腐烂、恶臭;病斑褐色有黏液。发生于菇柄和菌盖上,使菌柄发黑、菌柄内纤维管束由白转黑。

②发生条件:菇房高温高湿,子实体有机械损伤或虫口。病原通过水、工具、昆虫或人传播。

③防治方法:严格控制空气湿度不超过90%,保持适当通风,使用洁净水,防止昆虫进入菇房。

(2)基腐病　病原为拟青霉。

①症状:病原从菌柄基部侵入,发病后的菌柄基部呈褐色腐烂,往往成丛发生,菌柄基部变黑腐烂后子实体倒伏。

②发生条件:培养料含水量过高,打开栽培袋搔菌后表面积水或长期覆盖报纸通风不良,湿度过大的条件下容易发生。

③防治方法:严格控制培养料适宜含水量和出菇后的喷水量;初发现病菇,及时清除后用70%甲基托布津1500倍液或65%代森锌500倍液喷洒。

(3)软腐病　病原为异形葡枝霉。

①症状:菌柄基部先呈深褐色水渍状斑点,后病部逐渐扩大变软、萎蔫、腐烂,并可在其上产生一白色絮球状分生孢子丛。

②发生条件:常发生于栽培后期,气温不稳,湿度又大时易发生。一旦发病,病害蔓延迅速。

③防治方法:菇体一旦患病及时连根清除,在地面上撒石灰,并可用80%二氯异氰尿酸800倍液或特克多1:1000倍液喷洒;同时降低空气相对湿度。

(4)水斑病　一种生理性病害。

①症状:田头菇小菌盖在积水条件下常出现黄色水渍状斑点,通常不腐烂,无异味。改善环境条件后不再蔓延,病斑变干愈合,不影响菌柄的增粗伸长。

②发生条件:一般由菇房湿度过大,菌盖凝结水珠;通风不足,二氧化碳浓度过高造成。

③防治方法:不向菇体喷水,降低菇房湿度,加大通风量。

(5)死菇　一种生理性病害。

①症状:搔菌后幼菇长至2~4厘米长时萎蔫,变黄,最后死亡。常成丛发生。死菇采后能形成第二批子实体,但产量较低。

②发生原因:常为搔菌后温湿度变化过大,幼菇不能适应造成。

③防治方法:调控好温湿度。

2. 主要虫害

田头菇在较高气温下生长,也易遭受螨类、菇蚊等虫害。可选用0.1%的菊酯乐含酯、敌杀死或速灭杀丁等农药喷雾菇房(棚)进行防治。

注意事项:防治病虫害时要选用高效、低毒、低残留的化学农药,以免伤害菇体和影响菇质。

附:田头菇深层发酵培养法

1. 深层发酵培养的优越性

田头菇固体栽培获得子实体一般需要1.5~2个月,生产周期较长。其子实体的鲜贮性又差,而深层培养具有周期短,能在数天内即产生大量菌丝体,成本低,产量高等优点。且菌丝体营养丰富,含有16种氨基酸,总量为6.9%,人体必需的8种氨基酸齐全,占总量的34.8%,其中对儿童生长发育和智力开发具有促进作用的赖氨酸和精氨酸占总量的9.4%。多糖含量为3%,是香菇的11.5倍。发酵液还可作液体菌种使用。实用价值高,是药用菌工业化生产的发展方向。

2. 深层发酵培养方法

(1)培养基的选择

斜面培养基可选用PDA培养基。

摇瓶(即二级种)培养基可选用以下配方。

①玉米粉3%,蔗糖1%,磷酸二氢钾0.3%,硫酸镁0.15%,维生素$B_1$1毫克,pH自然,加水至100%。

②小麦粉3%,蔗糖1%,酵母粉0.5%,磷酸二氢钾0.3%,硫酸镁0.1%,pH 5.6,加水至100%。

如以提取多糖为目的,应选用下列配方为宜,即:葡萄糖3%,蛋白胨0.2%,硫酸镁0.05%,硫酸铁0.001%,磷酸二氢钾0.1%,pH 5.6,加水至100%。

(2)培养条件

一级摇瓶用250毫升三角瓶,装液量50毫升,接入0.5平方厘米菌种一块,置旋转式摇床于27℃~28℃下振荡培养7天。生物量,配方①为每100毫升0.83克;配方②为每100毫升1.12克。在同样条件下培养,以提取多糖为目的配方获得总多糖(含胞内多糖与胞外多糖)含量为10.05%。

如在配方①中加入硫酸铜0.01%,可显著提高生物量,其生物量为每100毫升1.06克,提高率为30%左右。

(3)增产因素

通过以配方①为基础培养,要获得较高产量,有以下几种因素。

①pH:最适 pH 为 9,低于 9,随着 pH 的增高,生物量逐渐增多;超过 9 时,生物开始下降。pH 为 9 时,生物量最大,为每 100 毫升 1.12 克。

②通气量:在 250 毫升三角瓶中分别装液量为 30、40、50、60、70、80、90、100、120、150 毫升进行试验,结果确认过多或过少的装液量均不利于菌丝体的生长,以装量为 90 毫升时,菌丝体生长最好,生物率最高。

③培养液黏度:用琼脂作增黏剂来调节培养液的黏度,试验结果表明,添加 0.25% 的琼脂,可适当增加培养液黏度,使菌丝球直径变小,生物量增长 33%。

④接种量:选择 4%、5%、10%、15%、20% 五种接种量进行试验,结果测得其生物量分别为 0.64%、0.66%、0.82%、0.86% 和 0.9%。当接种量从 4% 增加至 10% 时,生物量提高 28.1%;而从 10% 增至 20% 时,生物量仅提高 9.7%,因此,接种量以 10% 为合适。

⑤发酵周期:如以生产菌丝体为目的,振荡培养时间应控制在 9 天为宜,此时生物量可达每 100 毫升 0.79 克,氨基酸含量为 100 毫升 1.33 毫克,还原糖为 0.03%。

(4)发酵产物的化学成分

据许旭萍等(1998)对田头菇深层发酵产物化学成分分析如下。

①定性结果:发酵液中含有皂甙、三萜皂甙、氨基酸和多糖。

②定量测定结果:每 100 毫升发酵液中,游离氨基酸含量为 12.18 毫克,还原糖 0.3 克,多糖为 2.2 克,是香菇多糖含量的 11.5 倍。

从以上可以看出,柱状田头菇深层发酵培养物中,营养丰富并含有多糖、三萜类等多种药效成分,具有较强的免疫和抗肿瘤作用,且可用于加工各种营养保健食品和饮料。

二、白灵菇

(一)栽培现状及经济价值

白灵菇又名白阿魏蘑,是刺芹侧耳的白色变种。主产新疆,当地称为“天山神菇”。它菇体肥大,盖厚柄粗,质嫩味鲜,色泽洁白,兼具食药两用价值,是蕈菌中的又一新秀。因其营养丰富,又具药用食疗功效,深受国内外消费者欢迎。在武汉等地鲜白灵菇市售价达35~40元/千克,是香菇、蘑菇的3~5倍,经济效益十分看好。

白灵菇营养丰富,据国家食品质量监督检验中心检测,其蛋白质、脂肪、维生素和矿物质等含量均很高,是一种天然珍稀保健食品。蛋白质中含有17种氨基酸,总量达10.7%,其中人体必需的8种氨基酸齐全,占总氨基酸的35%。有几种氨基酸含量很高,如谷氨酸,含量高达1707.0毫克/100克,谷氨酸为鲜味剂,因此菇味特鲜。赖氨酸含量为589毫克/100克,是一般平菇的2.8倍,有利儿童智力发育和增加身高。精氨酸含量为1002.3毫克/100克,具有良好的美容作用。其他氨基酸如异亮氨酸、亮氨酸、缬氨酸、苏氨酸等含量也较高,是平菇的2倍以上。(表4-3、4-4)

表 4－3 白灵菌营养成分及矿物质含量

营养成分	测定值	矿物质	测定值(毫克/克)
蛋白质	14.7%	钾	16398
碳水化合物	43.2%	钠	190
脂肪	4.31%	钙	98
纤维素	15.4%	镁	597
灰分	4.8%	锰	2.2
维生素 C	26.4%	锌	17.5
维生素 E	<0.02%	铜	3.2
多糖(以葡萄糖计)	190 毫克/克	磷	5190
		硒	0.068

表 4－4 白灵菇氨基酸含量(单位:毫克/100 克)

种类	测定值	种类	测定值
天门冬氨酸	1174.9	亮氨酸	790.2
苏氨酸	450.4	酪氨酸	241.3
丝氨酸	450.2	苯丙氨酸	447.8
谷氨酸	1707.0	赖氨酸	569.0
甘氨酸	555.7	氨	468.7
丙氨酸	562.3	组氨酸	213.5
胱氨酸	47.5	精氨酸	1002.3
缬氨酸	674.6	脯氨酸	699.6
蛋氨酸	154.8	色氨酸	
异亮氨酸	470.1	合计	10679.9

白灵菇的药用价值也很高,它含有白灵菇多糖等生理活性物

质,具有调节人体生理平衡,增强人体免疫功能的作用,对腹部肿块、肝脾肿大、脘腹冷痛等有良好的预防和治疗功效。因此,是一个开发利用前景极为广阔的珍稀新品种。

(二)生物学特征

1. 形态特征

白灵菇菌丝体较一般侧耳品种更浓密洁白,菌苔厚且较韧,菌丝粗壮致密,穿透力和抗杂力强。子实体丛生或单生,单朵鲜重50~160克,最大可达400克,菇体洁白;菌盖直径8~15厘米,菌肉厚实,中部厚度达2~7厘米;菌褶密集,长短不一,奶油色至淡黄白色;柄粗4~7厘米,长6~10厘米,实心。偏心生或近中生,表面光滑,白色;盖柄质地脆嫩;菇体较韧,不易破碎。耐远距离运输,最适鲜销(图4-2)。

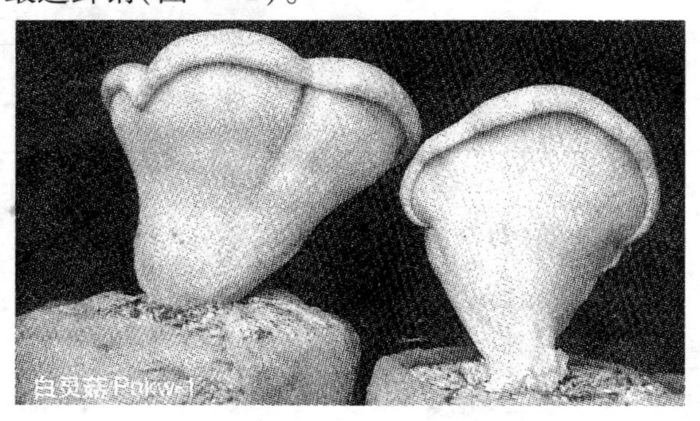

图4-2 白灵菇

2. 生长条件

(1)营养

白灵菇菌是一种腐生或寄生兼具的菌类。菌丝体浓密粗壮,穿透力强,能充分分解和利用基质营养,具有高产优势,最适高氮配方栽培。用料以棉子壳、木屑、稻草、甘蔗渣等为主,配以麸皮(或米糠)及玉米等综合培养基,生长良好,两潮菇生物转化率可达80%~100%。

（2）温度

白灵菇属中低温型品种。菌丝在5℃～32℃均能生长，最适24℃～26℃，以15℃～20℃生长最快，菇质最好。但在0℃左右也能缓慢生长。

（3）湿度

该菇体大肉厚，因此抗干旱能力较其他菇类强。菌丝体生长期，培养料含水量以60%～70%为佳。子实体生育期，空气湿度达60%就能生长，最佳空气湿度为85%～95%。

（4）空气

白灵菌是好气性菌类，无论是菌丝体和子实体的生长发育均需新鲜空气，CO_2浓度含量超过0.5%时，易产生畸形菇。

（5）光线

菌丝体发育不需光线，在黑暗条件下生长良好；子实体生育阶段需散射光，在200～500勒克斯光照下发育正常。

（6）酸碱度

基质pH 5～11菌丝均可生长，但以pH 6～7为佳。制栽培袋时若气温偏高，可加0.5%的石灰，以防培养料酸败。

（三）栽培技术

1. 生产季节

要根据出菇温度来安排。一般以春秋两季栽培质量最佳。华中地区，春季生产可于2月中下旬开始播种，5月上中旬采菇结束。秋季栽培，以9月上中旬播种，11月上中旬采菇结束。

2. 菌种制作

母种用PDA培养基，即马铃薯200克，葡萄糖2克，磷酸二氢钾3克，琼脂20克，水1000毫升。原种和栽培种以麦粒种为宜。其配方为麦粒995克，石膏5克；或玉米粒995克，石膏5克。制种方法按常规。

3. 栽培料配方，可选用以下任何一种。

（1）棉子壳40%，木屑（或甘蔗渣）40%，麦麸12%，玉米粉8%。

(2)稻草57%,木屑13%,棉子壳10%,甘蔗渣7%,麦麸5%,玉米粉8%。

(3)木屑或棉子壳或甘蔗渣80%,麸皮12%,玉米粉8%。

以上各配方中均另加红糖、石膏粉各1%,含水量65%。

4. 制袋与发菌管理

将配好的培养料用18厘米×35厘米的低压聚乙烯膜袋装好,常压灭菌100℃12小时,冷却至25℃时无菌操作接种。接种后移至培养室发菌。培养温度25℃~28℃,空气湿度70%以下,经常通风换气。经30~45天,菌丝即可长满袋。当料面或侧面出现原基时,将菌袋移至菇房或菇棚出菇。

5. 出菇管理

出菇可分两种形式,一是立体墙式出菇,具体方法与一般中低温型平菇立体墙式栽培相同,只是通风与光线需强一些。二是覆土出菇,即将长满菌丝的菌袋竖排于菇房或菇棚的床架上,或将菌袋半埋于室外阳畦菇床上,打开袋口,在菌料上覆2~3厘米经过消毒处理的菜园土(或含腐殖质较多的其他疏松壤土)让其出菇。实践证明,覆土能明显刺激子实体生长,且出菇多、品质好,子实体特别肥厚。覆土后要保持土层湿润,提高空气湿度达90%~95%,温度控制在15℃~24℃,7天左右即现原基。当菌盖长至2厘米时,加大喷水量,加强通风,以利子实体生长。

6. 病虫害防治

白灵菇在栽培过程中,危害较大的病害主要是绿霉菌,虫害主要是菇蚊。

(1)虫害　前期主要是虫害,菇蚊的成虫可钻入菌袋产卵,幼虫大量啃食菌丝,严重时导致绝收。防治方法:以预防为主,栽培前搞好环境卫生,对菇房(棚)进行灭菌杀虫处理;菇房门窗安纱网,防止蚊虫侵入;菌袋脱袋不要过早,要见到袋内子实体原基出现后再脱袋管理,以免菇蚊钻入为害。

(2)病害　多在出菇时发生。如出现高温,菇房(棚)湿度过大,通气不良,极易引起绿霉菌感染,导致子实体腐烂。防治方法:加强通风降温降湿,及时将已感染绿霉菌的菌袋清除隔离或埋处理,防止扩散。

7. 采收与后期管理

现原基后 8～12 天,当菌盖完全展开时,即可采收。采完头潮菇,倒掉袋口中的覆土,清理菇房,将菌袋掉头,打开底面袋口,再在菌袋口料面上覆 2～3 厘米厚已处理的新土,培养 7 天左右又可出现原基。按头潮菇方法管理,不久又可采收第二潮菇,一般只出两潮菇,生物总效率可达 65%～85%。

如将采收二潮菇后的菌袋用刀从中横切成两段或脱袋后卧放于浅沟中,覆土 2～3 厘米让其继续出菇,也可采收 3～4 潮菇,其经济效益更好。

8. 鲜菇处理

采收的白灵菇鲜菇,一是及时就近鲜销,以防变质降低商品价值。二是脱水干制后用聚乙烯塑料袋密封包装贮存或外销。三是盐渍保鲜贮存待销,有条件的也可制成罐头出口。

三、大榆蘑

(一)概述

大榆蘑又名榆干离褶伞,大榆蘑属担子菌亚门、层菌纲、伞菌目、口蘑科、离褶伞属。该属世界上分布有 25 种,我国已知有 7 种,有腐生菌,也有外生菌根菌。将大榆蘑归到褶伞属是近年来的事,但多年来一直作侧耳属看待,现仍沿用于实际生产和商品流通。

大榆蘑在我国河北、吉林、黑龙江、河南、甘肃、青海等省均有野生分布,夏秋生于榆、柳等树种的干部,多生于枯立木上,常常引起木材丝片状褐色腐朽。野生大榆蘑菇丛较大,常可达数千克以上。大榆蘑通过分离驯化,现已人工栽培成功,实践证明具有较高的经济价值和很大的发展潜力。

(二)形态特征

大榆蘑子实体单生至丛生。菌盖初为扁半球形,后逐渐平展,盖面光滑,宽7~15厘米,初期白色,后中央为浅黄色或浅褐色,往往有网状龟裂,边缘浅黄色,波状;菌肉厚,白色;菌褶宽,弯生,稍密,白色至淡黄色;菌柄偏生,长4~10厘米,直径1~2厘米,上下近等粗,有时基部膨大,白色稍带淡黄色,密生软毛,中实,常弯曲;孢子印白色;孢子无色光滑,球形,直径5~6微米(图4-3)。

图4-3 大榆蘑

(三)生长条件

1. 营养

大榆蘑野生时长于榆、柳等树干上,对木质素有很强的分解能力,是一种典型的木腐菌。母种在PDA培养基上生长旺盛,原种和栽培种在常规木屑培养基上生长良好,并能正常形成子实体。

2. 温度

大榆蘑菌丝生长最适温度22℃~27℃,低于15℃菌丝生长极慢。25℃左右培养,40~50天可长满瓶(袋)。原基形成需要一定的温差刺激,并有利于子实体整齐生长。子实体形成的温度为

10℃ ~20℃，最适温度为15℃ ~17℃。

3. 湿度

培养料最适含水量60%左右，发菌期空气湿度应低于70%，出菇期空气湿度应保持在80% ~85%。

4. 光照

菌丝体生长不需要光线；子实体生长需要一定的散射光，子实体具有很强的趋光性。在散射光充足的室内要注意光源的方向，最好从上向下散射，以免形成畸形菇。

5. 空气

发菌期对通风要求不严，但也应保持室内空气新鲜。出菇期必须加强通风，通风不良会造成原基难以分化，菇蕾变黄枯萎，子实体不能充分生长。

6. 酸碱度

pH 5 ~7.5均能正常生长，最适pH为6 ~7。

（四）栽培技术

大榆蘑可采用瓶栽、袋栽、块栽培及整稻草大床栽法。

1. 栽培季节

可分春栽和秋栽，接种时间以当地气温稳定在10℃ ~15℃时，提前40 ~50天进行为宜。春栽一般可在长江以南地区2 ~3月进行。秋栽以8 ~9月接种为宜。

2. 培养基配方

（1）木屑87%，麸皮5%，玉米粉5%，石灰粉、石膏粉各1%，过磷酸钙1%；另加多菌灵0.1%。

（2）杂木屑97%，糖1%，石膏粉1%，过磷酸钙1%。

（3）甘蔗渣80%，木屑20%；另加石膏粉3%，过磷酸钙2%，尿素0.2%，多菌灵0.2%（可用生料床栽）。

（4）甘蔗渣95%，米糠或麦麸5%；另加石膏粉0.5%，过磷酸钙0.5%，多菌灵0.2%。

（5）玉米芯（粉碎成蚕豆粒大小）60%，米糠或麦麸36%，石膏粉2%，过磷酸钙2%；另加尿素0.2%。

(6)玉米芯70%~80%,棉子壳20%~30%;另加石灰粉1%。

(7)大豆秸(粉碎成粗粒)80%,麦麸10%,鸡粪5%,豆饼粉5%;另加石膏粉1%,过磷酸钙1%。

(8)稻草68%,木屑20%,麦麸或米糠7%,大豆粉3%,石灰粉1%,石膏粉1%。

(9)稻草80%,棉子壳10%,大豆粉9%,复合肥1%。

(10)麦草80%,麸皮20%;另加生石灰3%,尿素0.5%,过磷酸钙2%,多菌灵0.2%。

以上配方含水量均为60%左右,pH 6.5~7。配制方法同常规。

3. 栽培方法

(1)瓶栽法

①栽培容器:可选用750毫升的菌种瓶或水果罐头瓶。

②装瓶灭菌:将搅拌均匀的培养料,装至瓶颈,边装边压实,整平料面后用锥形棒在中央打洞直至瓶底,擦净瓶壁及瓶口培养料后,塞上棉塞,常规灭菌。

③接种培养:待培养料充分冷却后在无菌条件下接种,否则菌种块不易萌发,易感染杂菌。接种后把培养瓶移入温度25℃左右暗而洁净的培养室内发菌,40~50天后即可满瓶。

④出菇管理:菌丝长满瓶后,松动棉塞,增加氧气供应,增强光照,通过温差刺激,5~10天后即可出现原基(针头状)。原基形成后应加大通风量和适当喷水保湿,防止菇蕾枯萎死亡。

⑤采收:原基形成到采收需25天左右,采后清理料表残物,搔菌后再养菌3~5天,然后向瓶内加水,一昼夜后倒出余水,覆报纸保温保湿,不久又可产生子实体。

(2)袋栽法

选用17厘米×33厘米×0.004厘米的低压聚乙烯袋,常规拌料、装袋、灭菌、接种,经40~50天培养,菌丝满袋,接受散射光及温差刺激后,料表可形成针头状原基。此时,将菌袋周围割几个出菇小孔，菇蕾就会从孔口长出，形成正常子实体。其温、湿、光、气控制参照瓶栽法进行。

(3)块栽法

将瓶中菌种掏出，装入木制模内拍平压实，用薄膜包好，置于床架上培养，使菌丝愈合。保持室温15℃～20℃，5～10天后，料表形成大量原基。此时揭开薄膜通风，增加空气湿度，经20天左右子实体成熟即可采摘。

也可将培养料装入活动木模内，分2～3层接入菌种，压成菌块，让其发菌出菇。菌块长满菌丝后可就地出菇，也可移入室内或室外菇棚床架上出菇，亦可在阳畦上棚块出菇。

(4)整稻草大床栽培法

目前用稻草栽培侧耳等菇类的方法，通常采用切成小段后进行大床播种，而这种方法正好违背了菌丝生长的要求，因为稻草本身组织疏松不利于菌丝生长。实践证明，能使草料紧密的菌床，才有希望获得高产。为此，在进行大床栽培时，将整稻草顺次排放，一层草一层菌种，这样能使草料间空隙减小。播种后先盖一层报纸再盖薄膜保湿。如能在薄膜上盖一层土加压就能更好地使草料紧密。待菌丝发好后，铲去土后出菇能使产量提高几倍。现将整稻草栽培大榆蘑的栽培要点介绍如下。

①原料预处理

稻草处理的好坏是栽培成败的关键。首先由于稻草表皮有一层较厚的蜡质层，以及表皮细胞硅酸盐含量较高，因此对菌丝的酶活性有影响，不利于菌丝有效地分解稻草中的纤维素、半纤维素和木质素；其次由于稻草在稻田里生长及室外存放时间较长，其表面有较多霉菌孢子，容易造成污染。

目前有效的处理方法是用石灰水浸泡稻草。这样不仅可以杀灭稻草表面的霉菌孢子，也可有效地将稻草表面的蜡质层去掉，组织软化，有利于菌丝的分解。具体方法是先将稻草用pH 9～9.5的石灰液浸泡，一般浸泡2～3天，捞起，用清水将石灰冲洗干净，沥干至含水量60%～65%，pH 6～8，然后上床栽培，或用机械压块栽培。另一种处理方法是将较新鲜的稻草组织轧破(即用石磙或手扶拖拉机碾压),破坏蜡质层,再用清水冲洗掉蜡质及表面霉菌孢子。此方法效果最佳。

②培养料配制:将预处理的稻草按干重每100千克加米糠或锯末10%~20%,过磷酸钙3%,尿素1.2%,水适量拌匀,堆制发酵5~7天,其间翻堆2~3次,使稻草失去弹性呈金黄色时,即可散堆降温后播种。

③播种方法:稻草栽培大榆蘑,目前使用较广的栽培方法主要是大床栽培。室内室外均可栽培。室外栽培一般在9月下旬进行,床宽1米,料厚15~20厘米为宜,长度不限。采用层播法,即铺一层料播一层菌种,共播3层,播种量为15%~20%。下面一层菌种用量少一些(占总用种量的25%~30%),上面一层菌种多播些(占总用种量的35%~40%),以利菌丝迅速封面防止杂菌侵染。播种后用木板压平料面,上覆压一层泥土,使菌丝与培养料贴紧,以利发菌和正常生长。随着菌丝的繁衍覆盖物进一步下沉。当菌丝全部长满时,培养料也就变得很结实了。这种方法有利于原基分化及子实体的正常生长,同时易于保持水分。

④培菌管理:播种后,在整个培养发菌过程中一般不需要掀起地膜通气。低温季节如12月份栽培堆料较厚,可适当考虑在栽培后10~15天内通风换气一次,以利于菌丝生长。掀膜不仅不利于菌丝的爬壁,而且会给杂菌生长提供机会。一般播种后两天菌丝开始吃料,肉眼可见菌丝四周逐渐变白。菌丝体10天左右可布满整个培养料表面。20天以后菌丝基本长满。30~40天后(此时菌丝体生长旺盛)掀动地膜,增大通气。必要时可适当喷水进行出菇管理。

由营养生长转为生殖生长需要一定的光照,一般以散射光为好。在完全黑暗处培养则有碍菌丝生长和推迟出菇。

子实体发育阶段还需要适宜的空气、相对湿度。适宜的湿度为80%~95%。如低于60%,则子实体生长发育会停止,但菇房湿度不能超过96%。过湿会招致病菌生长,也有碍菇体蒸腾作用而造成死菇。一般喷水标准是，子实体菌盖长至0.5～1厘米后，可视情况酌情喷水。

⑤病虫害防治：稻草栽培大榆蘑，发菌和出菇期间，一般气温较高，病虫害容易发生，其防治方法如下。

A. 对栽培场所事先消好毒。室内大床栽培，特别是老菇房，栽培前应用水冲洗干净，并用甲醛或其他药品熏蒸、喷雾。筑床时应先在土中撒少量石灰，用来消毒及驱杀害虫。栽培料（稻草）应尽量新鲜，且栽培前最好在太阳下暴晒1～2天。

B. 发菌期常见的病害是青霉，它繁殖极快，危害大。防治的关键是选用菌龄适中、生命力强的优良菌种。另外，菌种培养料成分应尽量简单，最好不掺麦麸、米糠之类的营养物。用含绒较多的新鲜棉子壳生产为宜。还有一旦发现曲霉、根霉、毛霉等杂菌则应尽快处理。局部污染时在污染块上盖一层石灰粉或硫酸铜都有一定抑制效果，也可用0.2%多菌灵或托布津局部喷雾。虽然这些方法都不能有效杀灭杂菌，但可以防患于未然。

C. 子实体生长阶段，主要是虫害，常见的害虫有菌蚊和跳虫。防治的关键是杜绝虫源，认真消毒菇房，保持洁净。室外则应选择清洁、通风、透光的干净场所栽培。发现幼虫可用2.5%敌杀死5000倍液、20%速灭杀丁5000倍液；或用80%的敌敌畏2000倍液喷雾菇房墙壁，均可收到良好效果。

⑥采收：从子实体原基形成到子实体成熟需要25天左右，子实体成熟后及时采收，以免老化和影响下潮出菇。

四、虎奶菇

（一）简介

虎奶菇是巨核侧耳的商品名，别名菌核侧耳、核耳菇、茯苓侧耳、南洋侧耳（日本）等。隶属担子菌亚门，层菌纲，伞菌目，侧耳科，侧耳属。是一种热带珍稀食药兼用真菌，具有很高的营养和药用价值。其主要食药用部分为菌核，菌核的营养成分丰富，含有葡萄糖、果糖、半乳糖、甘露糖、麦芽糖、肌醇、棕榈酸、油酸、硬脂酸等。还含有还原糖,蛋白质,灰分中含有钾、钠、钙、镁等矿物质元素。

非洲各国普遍认为虎奶菇菌核是一种可以治疗多种疾病的良药,可治疗胃病、便秘、感冒发热、水肿、胸痛、疔疮、神经系统疾病、天花、哮喘、高血压等,并能促进胎儿的发育,提高早产儿的成活率。据《本草纲目》、《千金药方》等记载,其子实体及菌核具有治疗胃病、感冒、哮喘、高血压,以及补肾壮阳等功效。最新研究发现,其所含的真菌多糖——虎奶菇多糖(10.8%),能增强人体免疫力,补血生津,可抑制多种肿瘤生长。

虎奶菇多糖(HNP)的结构与从许多其他品种得到的多糖(如茯苓多糖、香菇多糖、裂褶菌多糖等)相似。这些(1→3)-β-D-葡聚糖,被称为生物应答调节剂,国内外对于这类多糖的生物活性及构效关系的研究已有大量报道,推测 HNP 亦应有类似的活性。研究还表明,HNP 对小鼠 CCL_4致肝损伤具有保护作用。

虎奶菇在非洲、澳大利亚和亚洲一些国家或地区多有分布。我国主要分布在云南、海南等地。多为野生,人工栽培尚未形成商品生产。

据报道,江西省临川丁湖食用菌研究所与高等院校合作,开展“虎奶菇人工栽培技术研究”项目,已通过省科技厅组织专家鉴定,并向国家申报了专利。近年来在黎川县潭溪乡、资溪县嵩市镇进行了一定规模的应用推广,取得了明显的经济效益。

(二)形态特征

虎奶菇子实体从地下的菌核上长出,单生或丛生。菌盖直径10~20厘米,漏斗形或杯形,后平展,但中央仍保持下凹,菌肉变成革质。子实体幼嫩时灰褐色至深褐色,表面较为光滑。成熟后菌盖表面常有散生、翘起的小鳞片;菌盖颜色变浅呈浅褐色至乳白色,近中央的部分为浅白色至肉桂色;菌盖无条纹,边缘初内卷且薄。菌褶延生,密集,小菌褶的长度为大菌褶长度的1/6,宽2毫米,乳白至浅黄色,边缘完整。菌柄大小为3.5~13厘米×0.7~3.5厘米,中央生,偶尔略偏生,圆柱形,中实,表面与菌盖同色，通常有和菌盖表面一样贴生的小鳞片或小绒毛。褶缘不孕，形成密集的囊状体毛，其大小为20～38微米×4～6微米，大多数近顶端成梭状，透明，壁薄。侧囊体和菌丝柱罕见或缺。孢子印白色，孢子大小为7.5～10微米×2.5～4.2微米，柱状椭圆形，无色，透明，担子21～26微米×5～6微米，棍棒状圆柱形，有4枚小梗。

（三）生态习性

据江西科研人员在崇仁县进行生物资源调查，在阔叶林边缘一埋地下的腐木桩上采到该菌的子实体。崇仁县位于江西省中部偏东，属亚热带季风性湿润气候，四季分明，光照充足，雨量充沛；年平均气温17.6℃，年平均降水量1736毫米，年日照平均1776小时，无霜期达266天。在采集子实体时，科研人员对其生物环境进行了较为系统的调查。该菌株子实体分布的植物群落为壳斗科、山茶科等，发生地光照度200勒克斯左右，土壤酸碱度pH在5.5～6.5。野生子实体主要在5月下旬至6月上旬出菇，气温为25℃～32℃，空气相对湿度为85%～90%，一般雨后较多。菌核一般分布在土层下5～10厘米，外部暗褐色，直径在10厘米左右，子实体在其上面形成并长出。

（四）生长条件

1. 营养

虎奶菇为典型的木腐菌，它的生长发育离不开碳源、氮源、无机盐（矿物质）和生长素等营养物质。

（1）碳源　碳源来自基质中的含碳有机物，如纤维素、半纤维素、木质素、淀粉、蔗糖、葡萄糖等，以及某些有机酸和某些醇类。

（2）氮源　虎奶菇可利用的氮源，包括有机氮源和无机氮源。有机氮源主要有蛋白胨、酵母膏、牛肉膏、尿素等，无机氮源主要有铵盐、硝酸盐、尿素等。

（3）矿物质元素　虎奶菇在生长发育过程中需要一定量的矿物质元素，如钾、磷、硫、钠、铁、锌、铜、锰、硼、硒、铬等矿物质元素。钾、磷、硫、镁、钠是主要元素，占矿物质元素的90%，其中以磷、钾、镁、钙几种元素最为重要。此外,还需要少量铁、锌、铜、锰、硼等矿物质元素。

(4)维生素　维生素是一类分子量最小、具有特殊生理活性的有机化合物,虽然用量甚微,但对虎奶菇的生长、发育、代谢却有极其重要的影响。硫胺素(维生素 B_1)是脱羧酶辅基的重要组分,是碳代谢不可缺少的酶类。虎奶菇自身一般不能合成硫胺素,缺乏时使生长发育受阻,甚至不能出菇,维生素用量很小,从培养料的有机物和水中可得到满足。

2. 温度

虎奶菇为典型的高温品种。菌丝生长的最适温度35℃,当温度10℃时菌丝不生长,15℃菌丝稍生长,30℃菌丝生长相当好,35℃菌丝生长最好,但40℃以上菌丝不能生长。子实体分化温度范围22℃～40℃,最适28℃～33℃。子实体分化与生长需要较为恒定的温度,温差较大容易造成子实体的畸形与死亡。

3. 水分

培养基含水量在60%,菌丝生长最好。对空气相对湿度的要求不同,菌丝生长阶段70%为好,子实体分化阶段为85%～90%,子实体的生长阶段需要较高的空气相对湿度,子实体生长期为95%。空气湿度偏低或变化波动太大,容易造成子实体畸形,甚至死亡;空气湿度过高,易造成子实体水肿,增加病虫害的危害。

4. 光照

虎奶菇不同生长阶段对光照强度(光强)的要求有别。孢子形成并散发,光强要求150～400勒克斯;菌丝在黑暗条件下生长良好,光强超过80勒克斯,菌丝生长速度受到抑制;子实体分化与生长需要散射光光强范围200～1000勒克斯,如果小于200勒克斯,子实体不易形成,但光照太强,易造成子实体畸形。

5. 空气

在菌袋发菌前期由于菌丝量少,培养基中氧气充足,菌丝生长速度快;随着菌丝量的增加,培养基中氧气逐渐减少,二氧化碳浓度不断增加,菌丝生长速度明显受到抑制。子实体发育的生殖生长阶段,需氧量比菌丝体营养生长阶段明显加大。子实体分化阶段二氧化碳浓度在0.1%以下,对子实体分化瘤状体的形成有促进作用;浓度过高时,瘤状体形成的棒状体容易分叉甚至开裂;在棒状体与子实体生长阶段,浓度超过0.1%时,生长速度极其缓慢,有些棒状体顶端开裂、褐变甚至枯萎,有些棒状体不能长出菌盖,有些即使已形成了菌盖,也会导致菇形畸变。

（五）菌种制作

1. 母种制作

（1）母种来源　可用子实体或菌核进行组织分离获得,也可向有关科研单位引种。

（2）培养基　国内大多采用PDA培养基。在尼日利亚,使用的培养基配方为:麦芽浸膏20克,酵母浸膏25克,硝酸钠0.05克,氯化钾0.05克,甘油磷酸镁0.05克,硫酸钾0.03克,硫酸亚铁0.03克,琼脂15克,加水至1000毫升,pH调至6.5。菌丝体在这种培养基上生长得更快、更好。

2. 原种制作

试验结果表明,以麦粒种最佳。麦粒种制作方法:取小麦粒水煮至无白心,晾至不粘手,拌入石膏粉,装瓶、灭菌后,接入母种,25℃条件下培养25天左右即可。

3. 栽培种制作

最佳培养基配方为棉子壳82%,麦麸16%,石灰1%,石膏1%,含水量占整个培养基重量的60%。培养基拌匀后,装入17厘米×33厘米的折角袋中,每袋装入500克。套环,塞好棉塞,外口包牛皮纸。灭菌后,接入菌种,至25℃条件下恒温培养25天即可。

（六）栽培技术

1. 栽培季节

虎奶菇菌丝体生长适宜的温度为28℃～35℃。在自然气温条件下,我国南方省份出菇月份为5月中旬至11月上旬,在北方或低温季节,只要适当加温,也可以栽培。

2. 栽培方式

虎奶菇的栽培方式,有袋栽和短段木窖栽两种。前者是以阔叶树木屑、农作物秸秆为主要栽培原料,栽培方法与香菇、平菇的袋栽法基本相似,只是管理较为简便、省工。后者是利用阔叶树的短段木为栽培原料,栽培方法与茯苓的筒木窖栽法相似,只是以阔叶树短段代替松木而已。而作为商品化生产和考虑资源综合作用,目前主要推广培养料袋栽方法。

(1)培养基配方

虎奶菇培养料可选用以下配方。

①棉子壳培养基:棉子壳84%,麸皮14%,石灰1%,石膏1%,含水量60%。

②木屑培养基:木屑84%,麸皮14%,石灰1%,石膏1%,含水量60%。

③稻草培养基:稻草段(3~5厘米)84%,麸皮14%,石灰1%,石膏1%,含水量60%。

上述不同培养基的出菇试验表明:以棉子壳作栽培料最好,木屑次之,稻草较差。

(2)菌袋制作与接种培养

①培养基配制

培养基配制要求配方合理,主料一般掌握在80%~85%,辅料(麦麸或米糠)15%~18%;碳氮比合理,一般20:1;含水量合理,一般60%左右;pH自然,灭菌前pH为6~7,不超过8为适。

②基质灭菌

培养料灭菌要求“三达标”:点火上温达标,装料进灶点火后,5小时内100℃;灭菌时间达标,上100℃后保持18~24小时;排热散气达标,灭菌后料袋疏排散热24小时。

③接种无菌操作

接种坚持“四严格”:严格掌握料温在28℃以下方可接料;严格执行物理灭菌,采取紫外线、臭氧等灭菌;严格按照无菌操作规程接种;严格接种后清残,防止交叉污染。

④发菌培养

接种后菌袋进入发菌培养，强调“五必须”：发菌室必须清洁卫生，事先进行物理消毒灭菌处理；门窗必须安装纱网遮光，避光养菌；发菌期必须干燥，空气相对湿度不超过70%；控温养菌必须掌握在30℃～35℃，防止超过36℃，以免烧菌；管理必须勤翻袋检查，发现污染及时隔离处理。

接种后的菌袋按“井”字形置于菌丝培养室中，调节温度在25℃～27℃，保持干燥通风。经25天左右的培养，菌丝可长满菌袋，35天菌丝达生理成熟，可进行阴棚覆土出菇。

3. 覆土出菇管理

（1）排袋覆土

畦面按宽1.0～1.3米、深1.0米挖浅沟，将松土收集进行堆制驱虫和杀菌，每立方米土拌入1千克对水稀释的石灰，覆盖薄膜闷3～4天后，划开薄膜，翻松堆土备用；畦面喷1%的石灰水，进行驱虫和杀菌，作为菇床备用。

先将畦面用1%石灰水浇湿，再将长满菌丝的菌袋开袋，然后把菌袋整齐地平放在畦面上，袋与袋间距3～5厘米，填入消好毒的覆土，顶上再覆土2～3厘米，浇透水；上面再铺盖少量稻草保温、遮光。

（2）出菇管理

培养35～45天之后，洁白的菌丝长满全袋，其后在培养料的上方或中间菌丝开始集结，形成虎奶菌的菌核。只要温度适合，菌核就会逐渐长大。当菌核快要顶破塑料袋时，可以脱去塑料套环，拔开棉塞、松开袋子、防止塑料袋破裂。前期每天喷水1～2次，保持土层含水量在75%左右，并加盖薄膜进行保温保湿，7～10天出现原基后，揭掉薄膜，加大喷水，保持空气相对湿度在90%左右；再经5～7天可进入第一潮菇子实体采收期。第一潮菇采收后，整理畦面，停止喷水，加强通风，养菌5天，加大喷水，便可进行第二潮菇的诱导，管理方法同前。共可采收3～4潮菇。

4. 虫害防治

虎奶菇野外栽培中,常见害虫主要是白蚁。白蚁又称白蚂蚁,是喜温昆虫。以家白蚁为例,对温度的适应范围是25℃~30℃。一般说,当气温达25℃时,白蚁活动频繁,为害虎奶菇的菌核。防治办法如下。

(1)选好栽培场地

栽培场地要远离贮木场、坟地,要求选择周围没有白蚁发生的地方。山区栽培场坡向应向正东、正西、东南、正南或西南,而不宜选北向、西北向或东北向的山坡地作栽培场。

(2)搞好环境卫生

建设菇房或栽培场时,要先清除残留的废弃木料、老树桩等杂物。生产期间要随时清除废弃物及周围林地中的枯木、风倒木和地面的残枝等。

(3)挖巢及诱杀

找、挖蚁巢,根据白蚁为害的迹象,如排泄物、泥被、分飞孔、通气孔、蚁路等,寻找蚁巢。蚁巢附近,蚁路密集粗大,在大量兵蚁出现的一端的反向是蚁巢。白蚁为害后,墙面有水渍或膨胀现象,可挖巢诱杀。

①坑诱法　挖30~40平方米的地坑。选放松、杉、樟木板或木条,或放甘蔗渣,然后加入少量松花粉及适量的灭蚁灵等药物,再用松树枝、麻袋或塑料薄膜等覆盖。

②箱诱法　用废的松、杉板做成长、宽各30~35厘米的木箱,箱内放松、杉木板或松、杉木屑或甘蔗、玉米芯等作饵料,再加入适量灭蚁灵等药物放在白蚁集中活动的地方,一般集9~20天就要对厢内进行药物喷杀处理。

(4)化学防治

常用药物为硼酚合剂。将硼酸、硼砂、五氯酚钠按2∶2∶4比例混合后,用5%的浓度溶液喷雾、浸渍或加压浸注。

5. 采收与加工

(1)适时采收

虎奶菇经过150天以上静置培养,菌核不再发育,培养基变白、变软、变轻时，菌核就可采收。从原基出现到子实体成熟，大约需要7天，若温度偏低，菌核产生子实体的时间会拖长一些。

(2)菌核加工

菌核采收后，用清水洗净，切成1～2毫米厚的薄片，晒干或机械脱水烘干。然后用粉碎机磨细，可与面粉、米粉、糖等一起制成保健糕点。

(3)子实体加工

采集的新鲜子实体，可采取以下两种方法保鲜。

①冷藏保鲜

采用接近于0℃或稍高几摄氏度的冷藏室、冷藏箱或冷柜保鲜。贮藏数量很少时，也可用冰块或干冰降温。注意冷藏室内不能同时放置水果，因为水果可产生乙烯等还原性物质，使菇体很快变色。经常检查，调节好室内或箱内的空气湿度。贮藏时间最好控制在7天左右。

②气调保鲜

该方法是通过人工控制环境的气体成分及温度、湿度等因素，达到安全保鲜的目的。一般是降低空气中氧的浓度，提高二氧化碳的浓度，再以低温贮藏来控制菌体的生命活动，这是现代较为先进有效的保藏技术。

第五章　附　录

一、常规菌种制作技术

各类菌种生产上有许多共同之处，如制种设施、接种操作、工具、无菌条件、分离方法等均基本相同。为避免在介绍每个品种时，都要详细讲制种问题，现将制种的原则和要求分述如下，以便初学者参考和使用。

（一）菌种生产的程序

菌种生产的程序为：一级种（母种）→二级种（原种）→三级种（栽培种）。各级菌种的生产要紧密衔接，以确保各级菌种的健壮。不论哪级菌种，其生产过程都包括：原料准备→培养基配制→分装和灭菌→冷却和接种→培养和检验→成品菌种。

（二）菌种生产的准备

1. 原料准备

（1）生产母种的主要原料　马铃薯、琼脂（又称洋菜）、葡萄糖、蔗糖、麦麸、玉米粉、磷酸二氢钾、硫酸镁、蛋白胨、酵母粉、维生素 B_1 等。

（2）生产原种和栽培种的主要原料　麦粒、谷粒、玉米粒、棉子壳、玉米芯（粉碎）、稻草、大豆秆、麦麸或米糠、过磷酸钙、石膏、石灰等。

2. 消毒药物准备

（1）乙醇（即酒精）：用75%的酒精对物体表面（包括菇体、手指等）进行擦拭消毒效果很好。

（2）新洁尔灭：配成0.25%的溶液用棉球蘸取后擦拭物体表面消毒。

(3)苯酚(又称石炭酸):用5%的苯酚溶液喷雾接种室、冷却室进行空气消毒。

(4)煤酚皂液(俗称来苏水):用1% ~2%的浓度喷雾接种室、培养室和浸泡操作工具及对空气和物体表面消毒。

(5)漂白粉:用饱和溶液喷洒培养室、菇房(棚)等,可杀灭空气中的多种杂菌。

(6)甲醛和高锰酸钾:按10:7(V/W,体积)的比例混合熏蒸接种室、培养室等,可起到很好的杀菌消毒作用。

(7)过氧乙酸:将过氧乙酸Ⅰ和过氧乙酸Ⅱ按1:1.5比例混合,置于广口瓶等容器内,加热促进挥发,对空气和物体表面能起到消毒作用。

3. 设施准备

(1)培养基配制设备

①称量仪器:架盘天平或台式扭力天平,50毫升、100毫升、1000毫升规格量杯、量筒及200毫升、500毫升、1000毫升等规格的三角烧瓶、烧杯。

②小刀,铝锅,玻棒,电炉或煤气炉灶,试管,漏斗,分装架,棉花,线绳,牛皮纸或防潮纸,灭菌锅(用于母种生产的灭菌锅常为手提式高压蒸汽灭菌器或立式高压蒸汽灭菌器)。

③用于原种和栽培生产的设备需要台秤、磅秤、水桶、搅拌机、铁锹、钉耙等。

(2)灭菌设备

①高压蒸汽灭菌:高压蒸汽灭菌器是一个可以密闭的容器,由于蒸汽不能逸出,水的沸点随压力增加而提高,因而加强了蒸汽的穿透力,可以在较短的时间内达到灭菌的目的。一般在0.137兆帕压力下,维持30分钟,培养基中的微生物,包括有芽孢的细菌都可被杀灭。灭菌压力和维持时间因灭菌物体的容积和介质而有区别。

常用高压灭菌器有手提式高压灭菌锅和立式高压灭菌锅及卧式高压灭菌锅(图5-1)。手提式高压灭菌锅结构简单,使用方便,缺点是容量较小,无法满足规模化生产原种及栽培种的需要。卧式、立式高压灭菌锅容量大,除具有压力表、安全阀、放气阀等部件外,还有进水管、出水管、加热装置等。可用作原种和栽培种的批量生产。

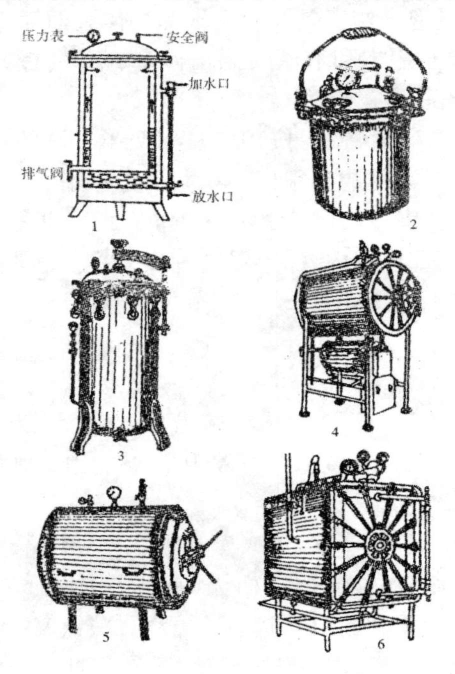

图 5-1 蒸汽高压灭菌锅

1、2. 手提式 3. 直立式 4、5. 卧式圆形 6. 卧式方形(消毒柜)

②常压蒸汽灭菌:常压蒸汽灭菌又称流通蒸汽灭菌,主要由灭菌灶与灭菌锅组成(图 5-2)。少量生产,也可用柴油桶改制灭菌灶。由于灭菌的密闭性能和灭菌物品介质的不同,灭菌温度通常在 95~105℃。采用常压蒸汽灭菌,当灭菌锅内温度上升到 100℃即开始计时,维持 6~10 小时,停火后,再用灶内余火焖一夜。

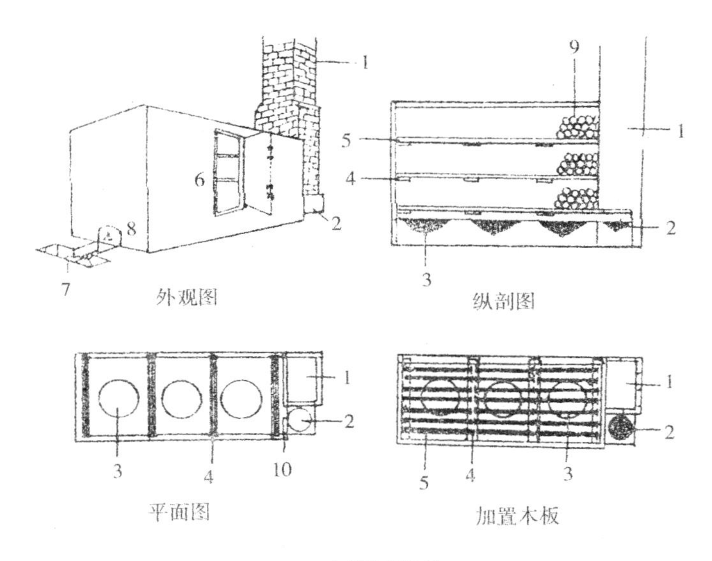

A　大型灭菌灶

1. 烟囱　2. 添水锅　3. 大铁锅　4. 横木　5. 平板　6. 进料门　7. 扒灰坑　8. 火门　9. 培养料　10. 进水管

（引自姚淑先）

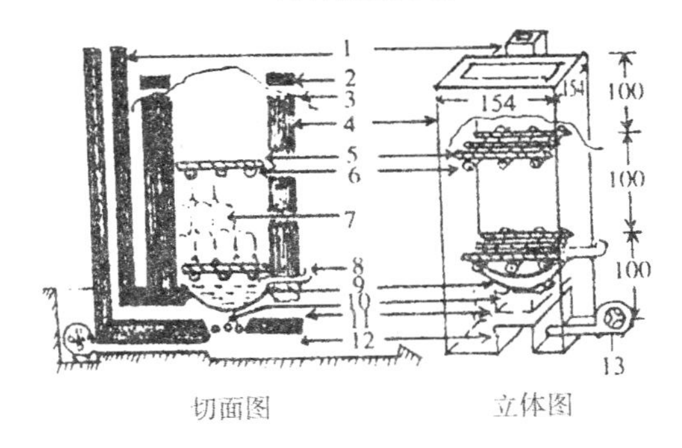

B　土蒸灶构造（单位:厘米）（引自蔺建斌,1997）

1. 烟囱　2. 砖块　3. 塑料膜　4. 灭菌仓　5. 竹片　6. 木棒　7. 料袋　8. 进水管　9. 铁锅　10. 炉栅　11. 灶口　12. 灰口　13. 鼓风机

图 5－2　两种灭菌灶锅

(3)接种设备

①接种室:应设在灭菌室和培养室之间,培养基灭菌后就可很快转移进接种室,接种后即可移入培养室进行培养,以避免长距离的搬运浪费人力并招致污染。接种室的设备应力求简单,以减少灭菌时的死角。接种室与缓冲室之间装拉门,拉门不宜对开,以减少空气的流动。在接种室中部设一工作台,在工作台上方和缓冲室上方,各装一支30~40瓦的紫外线杀菌灯和40瓦日光灯,灯管与台面相距80厘米,勿超过1米,以加强灭菌效果。接种时,要关闭紫外灯,以免伤害工作人员(图5-3)。

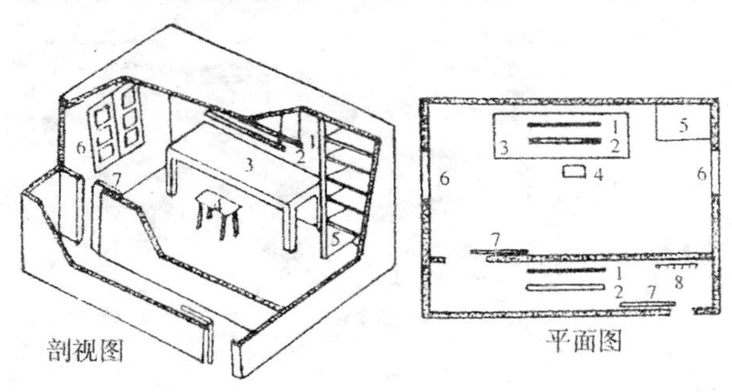

图5-3 接种室

1. 紫外灯 2. 日光灯 3. 工作台 4. 凳子 5. 瓶架 6. 窗 7. 拉门 8. 衣帽钩

(引自《自修食用菌学》)

接种室要经常保持清洁。使用前要先用紫外线灯消毒15~30分钟,或用5%的石炭酸、3%煤酚皂液喷雾后再开灯灭菌。空气消毒后经过30分钟,送入准备接种的培养基及所需物品,再开紫外线灯灭菌30分钟,或用甲醛熏蒸消毒后,密闭2小时。

接种时要严格遵守无菌操作规程,防止操作过程中杂菌侵入,操作完毕后,供分离用的组织块、培养基碎屑以及其他物品应全部带出室外处理,以保持接种室的清洁。

②接种箱:接种箱是一种特制的、可以密闭的小箱,又叫无菌

箱,用木材及玻璃制成,接种箱根据需要设计成双人接种箱和单人接种箱。双人接种箱的前后两面各装有一扇能启闭的玻璃窗,玻璃窗下方的箱体上开有两个操作孔。操作孔口装有袖套,双手通过袖套伸入箱内操作。操作完毕后要放入箱内,操作孔上还应装上两扇可移动的小门。箱顶部装有日光灯及紫外线灯,接种时,酒精灯燃烧散发的热量会使箱内温度升高到40℃以上,使培养基移动或溶化,并影响菌种的生活力,因此为便于散发热量,在顶板或两侧应留有两排气孔,孔径小于8厘米,并覆盖8层纱布过滤空气。双人接种箱容积以放入750毫升菌种瓶100~150瓶为宜,过大操作不便,过小显得不经济(图5-4)。

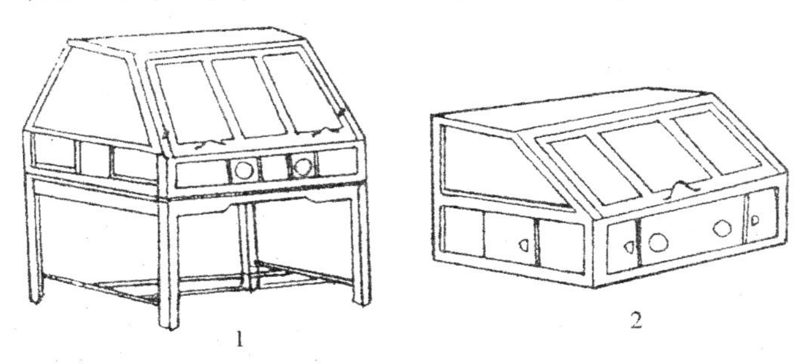

图5-4　接种箱

1. 双人接种箱　2. 单人接种箱

(引自《自修食用菌学》)

接种箱的消毒可用40%的甲醛溶液8毫升,加入高锰酸钾5克(1立方米容积用量),置于烧杯中熏蒸45分钟,在使用前用紫外线灯照射30分钟。如只是少量的接种,则可在使用前喷一次5%碳酸溶液,并同时用紫外线灯照射20分钟即可。

③超净工作台:分单人和双人用两类。单人超净工作台操作台面较小。一般为80~100厘米×60~70厘米,双人超净工作台操作台面较大,可两人同时一面或对面操作。使用前打开开关,净化空气10~20分钟后即可接种(图5-5)。

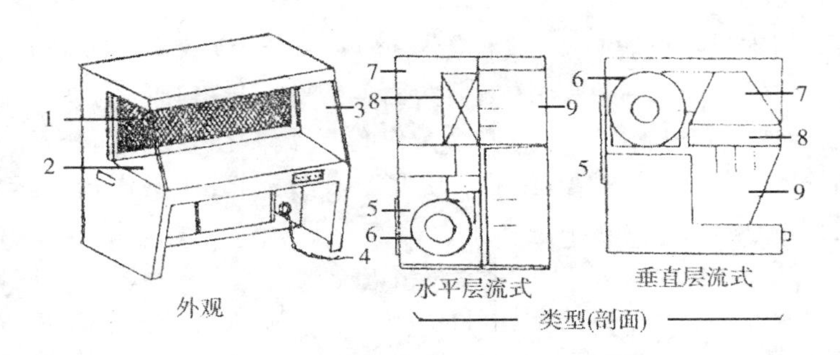

图5-5 超净台

1. 高效过滤器 2. 工作台面 3. 侧玻璃 4. 电源 5. 预过滤器 6. 风机 7. 静压箱 8. 高效空气过滤器 9. 操作区

④接种工具:接种刀、接种铲、接种耙、接种针、接种镊。

4. 培养室

培养室是进行菌种恒温培养的地方。因为温度关系到菌丝生长的速度、菌丝对培养基分解能力的强弱、菌丝分泌酶的活性高低及菌丝生长的强壮程度。对它的基本要求是大小适中,密闭性能好,地面及四周墙面光滑平整,便于清洗。为了使室内保持一定的温度,在冬季和夏季要采用升温和降温的措施来控制。室内同时挂上温度计和湿度计来掌握(图5-6)。

升温一般采用木炭升温、电炉升温、蒸汽管升温等办法,在升温过程中,为了保持培养室的清洁卫生,避免燃烧产生的二氧化碳、一氧化碳等有害气体对菌种的影响,加温炉最好不要直接放在室内。

目前常用空调降温、冰砖降温、喷水降温等措施。喷水降温时,应加大通风,以免培养室过湿而滋生杂菌。

培养室内可设几个用来存放菌种瓶的床架,一般设3~5层,每层的高度设计要便于操作。在菌种排列密集的培养室内,可设合适的窗口,以利空气对流。当培养室内外湿度大时,可在室内定期撒上石灰粉吸潮,以免滋生杂菌。菌丝培养阶段均不需要光线或是只需微弱散射光,在避光条件下培养对菌丝生长最为有利。

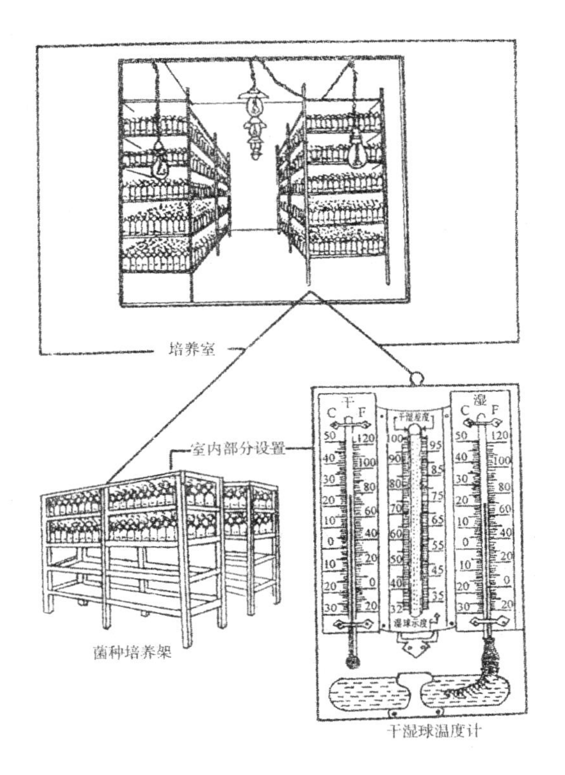

图5-6　培养室及其室内设置

(引自潘崇环)

(三)母种的制作

1. 斜面培养基的制备

(1)培养基配方

①PDA 培养基:马铃薯(去皮)200 克,葡萄糖 20 克,琼脂 10~20 克,水 1000 毫升,pH 6.2~6.5。

②PDA 综合培养基:马铃薯(去皮)200 克,葡萄糖 20 克,磷酸二氢钾 2 克,硫酸镁 0.5 克,琼脂 10~20 克,水 1000 毫升,pH 6.2~6.5。

③PYA 综合培养基：马铃薯（去皮）200 克，葡萄糖 20 克，酵母粉 2 克，磷酸二氢钾 2 克，硫酸镁 0.5 克，琼脂 10～20 克，水 1000 毫升，pH 6.2～6.5。

④PMA 综合培养基：马铃薯（去皮）200 克，葡萄糖 20 克，蛋白胨 2 克，磷酸二氢钾 2 克，硫酸镁 0.5 克，琼脂 10～20 克，水 1000 毫升，pH 6.2～6.5。

⑤木屑综合培养基：马铃薯（去皮）200 克，阔叶树木屑 100 克，葡萄糖 20 克，磷酸二氢钾 2 克，琼脂 10～20 克，水 1000 毫升，pH 6.2～6.5。

⑥麦麸综合培养基：马铃薯（去皮）200 克，麦麸 50～100 克，葡萄糖 20 克，磷酸二氢钾 2 克，硫酸镁 0.5 克，琼脂 10～20 克，水 1000 毫升，pH 6.2～6.5。

⑦玉米粉综合培养基：马铃薯（去皮）200 克，玉米粉 50～100 克，葡萄糖 20 克，磷酸二氢钾 2 克，硫酸镁 0.5 克，琼脂 10～20 克，水 1000 毫升，pH 6.2～6.5。

⑧保藏菌种培养基：马铃薯（去皮）200 克，葡萄糖 20 克，磷酸二氢钾 3 克，硫酸镁 1.5 克，维生素 B_1 微量，琼脂 10～25 克，水 1000 毫升，pH 6.4～6.8。

（2）配制方法　培养基配方虽然各异，但配制方法基本相同，都要经过如下程序：原料选择→称量调配→调节 pH→分装→灭菌→摆成斜面。

①原料选择：最好不使用发芽的马铃薯，若要使用，必须挖去芽眼，否则芽眼处的龙葵碱对菇菌菌丝生长有毒害作用。木屑、麦麸、玉米粉等要新鲜不霉变，不生虫。否则昆虫的代谢产物和霉菌产生的毒素对菌丝也有毒害作用。

②称量：培养基配方中标出的“水 1000 毫升”不完全是水，实际上是将各种原料溶于水后的营养液容量。配制时要准确称取配方中的各种原料，配制好后使总容量达到 1000 毫升。

③调配：将马铃薯、木屑、麦麸、玉米芯等加适量水于铝锅中煮沸 20～30 分钟，用 2～4 层纱布过滤取汁；将难溶解的蛋白胨、

琼脂等先入滤汁加热溶解,然后加入化学试剂,如葡萄糖、磷酸氢二钾、硫酸镁等,用玻棒不断搅拌,使其均匀。如容量不足可加水补足至1000毫升。

④调节pH:不同菇菌类品种生长发育的最适pH不同;不同地区、不同水源的pH也不相同。因此对培养基的pH有一定影响,需要根据所生产母种的品性来调节合适的pH。通常选用pH试纸测定已调配好的培养基,方法是将试纸浸入培养液中,取出与标准比色板比较变化了的颜色,找到与比色板上色带相一致者,其数值即为该培养基的pH。如果pH不符合所需要求,过酸(小于7),可用稀碱(氢氧化钠)或碳酸氢钠溶液调整;若过碱(大于7),则用柠檬酸、乙酸溶液调整。

⑤分装:将调节好pH的培养基分装于玻璃试管中,试管规格为18~20厘米(长)×18~20毫米(口径)。新启用的试管,要先用稀硫酸液在烧杯中煮沸以清除管内残留的烧碱,然后用清水冲洗干净,倒置晾干备用,切勿现洗现用,以免因管壁附有水膜,导致培养基易在试管内滑动。分装试管时可使用漏斗式分装器,也可自行设计使用倒"U"字形虹吸式分装器。分装时先在漏斗或烧杯中加满培养基,用吸管先将培养基吸至低于烧杯中培养基液面,然后一手管住止水阀,另一手执试管接流下来的培养基,达到所需量时,关闭止水阀(或自由夹)。如此反复分装完毕。分装时尽量避免流出的培养基沾在近管口或壁上,如不慎沾上,要用纱布擦净,以免培养基粘住棉塞而影响接种和增加污染几率。试管装量一般为试管高度的1/5~1/4,不可过多,也不可过少(图5-7)。

分装完毕盖上棉塞,棉塞要用干净的普通棉花,做成粗细均匀,松紧适度,以塞好后手提时不掉为宜。棉塞长度以塞入试管内1.5~2.0厘米,外露1.5厘米左右为宜。然后将10支试管捆成一捆,管口用牛皮纸或防潮纸包紧入锅灭菌。

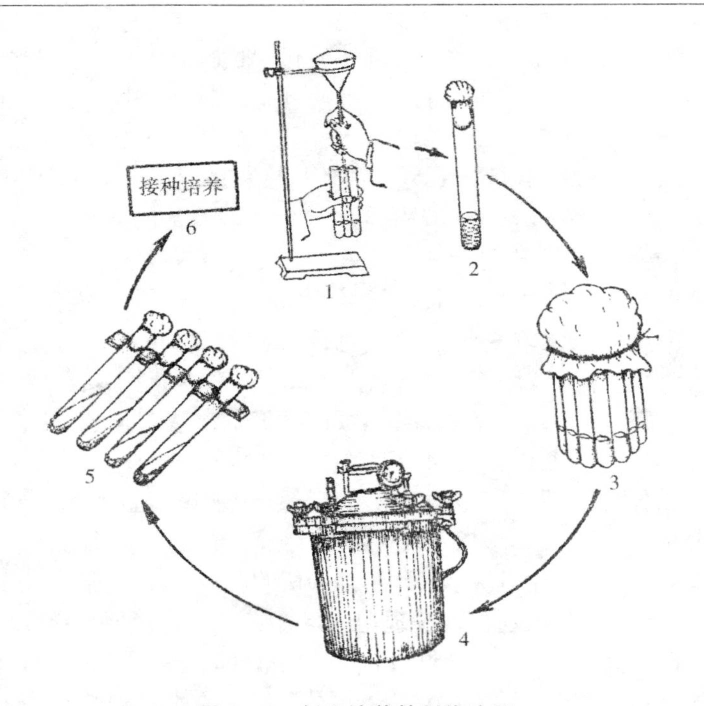

图 5－7　斜面培养基制作流程

1. 分装试管　2. 塞棉塞　3. 打捆　4. 灭菌　5. 摆成斜面

(3)灭菌　将捆好的试管放入高压灭菌锅内灭菌。先在锅内加足水,将试管竖立于锅内,加盖拧紧,然后接通热源加热。由于不同型号的高压锅内部结构不完全相同,所以,操作时要严格按有关产品说明进行,以免发生意外。加热时,当压力达到 0.1～0.11MPa(兆帕)开始计时,保持 30 分钟即可。灭菌完毕后,待压力降至零后打开排气阀排尽蒸汽,然后开盖,取出试管,趁热摆成斜面,其方法是在平整的桌面上放一根 0.8～1.0 厘米厚木条,将灭好菌的试管口向上斜放在木条上。斜面的长以不超过试管总长度的 1/2 为宜,冷却凝固后即成斜面培养基。将斜面试管取出 10～20 支,于 28℃下培养 24～48 小时,检查灭菌效果,如斜面无杂菌生长,方可作斜面培养基使用。

2. 菌种的分离

(1)菌种的选择　根据不同引进或自选的优良菌株进行培育。

(2)母种的分离　母种的分离可分孢子分离法,组织分离法和菇木分离法三种方法。

①孢子分离法　孢子分离有单孢分离和多孢分离两种,不论哪种均需先采集孢子,然后进行分离。

A. 种菇的选择和处理　选用菇形圆整、健壮、无病虫害、七八成熟、性状优良的单生菇子实体作为种菇,去除基部杂质,放入接种箱中,用新洁尔灭或75%的乙醇进行表面消毒。

B. 采集孢子　采集孢子的方法很多,最常用的有整菇插种法、孢子印法、钩悬法和贴附法。下面以整菇插种法(图5-8)为例,具体介绍其采集孢子及分离方法。

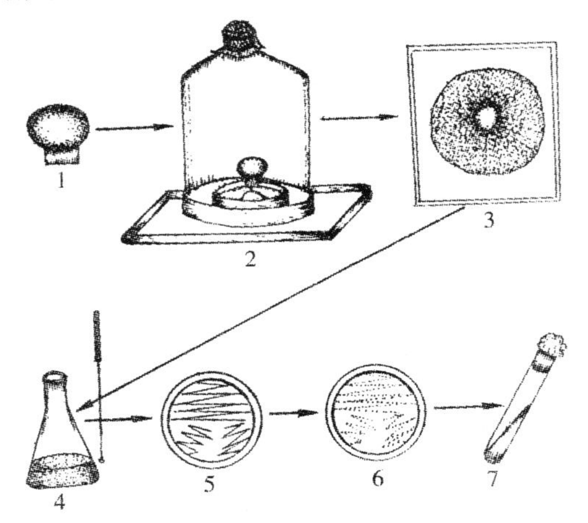

图5-8　钟罩法采集分离伞菌类孢子

1. 种菇　2. 孢子采集装置　3. 孢子印
4. 孢子悬浮液　5. 用接种环沾孢子液在平板上划线　6. 孢子萌发　7. 移入试管培养基内培养

选取菌盖4~6厘米的子实体,切去菌柄,经表面消毒后插入下面有培养皿的孢子收集器内。盖上钟罩,让其在适温下自然弹射孢子,经1~2天,就有大量孢子落入培养皿内。然后将孢子收集器移入无菌箱中,打开钟罩,去掉种菇,将培养皿用无菌纱布盖好,并用透明胶或胶布封贴保存备用。

C. 接种　将培养基试管、注射器、无菌水等器物用0.1%的高锰酸钾溶液擦洗后放入接种箱内熏蒸消毒,半小时后进行接种操作。打开培养皿,用注射器吸取5毫升无菌水注入盛有孢子的培养皿中,轻轻摇动,使孢子均匀地悬浮于水中。把培养皿倾斜置放,因饱满孢子比重大,沉于底层,这样可起到选种的作用。用注射器吸取下层孢子液2~3毫升,然后再吸取2~3滴无菌水,将孢子液进一步稀释;注射器装上长针头,针头朝上,静置数分钟后推去上部悬浮液,拔松斜面试管棉塞,沿试管壁插入针头,注入孢子液1~2滴,让其顺试管斜面流下,抽出针头,塞紧棉塞,放置好试管,使孢子均匀分布于培养基斜面上。

D. 培养　接种后将试管移入25℃左右的恒温箱中培养,经常检查孢子萌发情况及有否杂菌污染。在适宜条件下,3~4天培养基表面就可看到白色星芒状菌丝。一个菌丝丛一般由一个孢子发育而成,当菌丝长到绿豆大小时,从中选择发育匀称、生长迅速、菌丝清晰整齐的单个菌落,连同一层薄薄的培养基,移入另一试管斜面中间,在适温下培养,即得单孢子纯种。

有些菇是异宗结合的菌类,如平菇,单孢子的培养物不能正常出菇,必须要两个可亲和性的单孢萌发的单核菌丝交配形成双核菌丝才具结实性。

E. 孢子分离　采集到的孢子不经分离直接接于斜面上也能培育出纯菌丝,但在菌丝体中必然还夹杂有发育畸形或衰弱及不孕的菌丝。因此,对采集到的孢子必须经过分离优选,然后才能制作纯优母种。分离方法有以下两种。

a. 单孢分离法:所谓单孢分离,就是将采集到的孢子群单个分开培养,让其单独萌发成菌丝而获得纯种的方法。此种方法多用于研究菌菇类生物特性和遗传育种，直接用于生产上较少，这里不予介绍。

b. 多孢分离法：所谓多孢分离，就是把采集到的许多孢子接种在同一斜面培养基上，让其萌发和自由交配，从而获得纯种的一种制种方法。此法应用较广，具体做法可分斜面划线法、涂布分离法及直接培养法。下面介绍前两种分离法。

斜面划线法：将采集到的孢子，在接种箱内按无菌操作规程，用接种针蘸取少量孢子，在 PDA 培养基上自下而上轻轻划线接种，不要划破培养基表面。接种后灼烧试管口，塞上棉塞，置适温下培养，待孢子萌发后，挑选萌发早、长势旺的菌落，转接于新的试管培养基上再行培养，发满菌丝即为母种。

涂布分离法：用接种环挑取少量孢子至装有无菌水的试管中，充分摇匀制成孢子悬浮液，然后用经灭菌的注射器或滴管吸取孢子悬浮液，滴 1 ~2 滴于试管斜面或平板培养基上，转动试管，使悬浮液均匀分布于斜面上；或用玻璃刮刀将平板上的悬浮孢子液涂布均匀。经恒温培养萌发后，挑选几株发育匀称、生长快的菌落，移接于另一试管斜面上，适温培养，长满菌丝即为母种。

以上分离出的母种，必须经过出菇试验，取得生物学特性和效应等数据后，才能确定能否应用于生产。千万不可盲从！

②组织分离法　即采用菇体组织（子实体）分离获得纯菌丝的一种制种方法，这是一种无性繁殖法，具有取材容易、操作简便，菌丝萌发早，有利保持原品种遗传性、污染率低、成功率高等特点。在制种上使用较普通，具体操作如下（图 5 –9）。

挑选子实体肥厚、菇柄短壮、无病虫害、具本品系特征的七八成熟的鲜菇作种菇，切去基部杂质部分，用清水洗净表面，置于接种箱内，放入 0.1% 的升汞溶液中浸泡 1 分钟，用无菌水冲洗数次，用无菌纱布吸干水渍，用经消毒的小刀将种菇一剖为二，在菌盖与菌柄相交处用接种镊夹取绿豆大小一块，移接在试管斜面中央，塞上棉塞，移入 25℃左右培养室内培养。当菌丝长满斜面，查无杂菌污染时,即可作为分离母种(图5-10)。也可从斜面上挑选纯净、健壮、生长旺盛的菌丝进行转管培养,即用接种针(铲)将斜面上的菌丝连同一层薄薄的培养基一起移到新的试管斜面上,在适温下培养,待菌丝长满,查无杂菌,即为扩繁的母种。

3. 母种的扩繁与培养

为了适应规模化生产,引进或分离的母种,必须经过扩大繁殖与培养,才能满足生产上的需要。母种的扩繁与培养,具体操作方法如下。

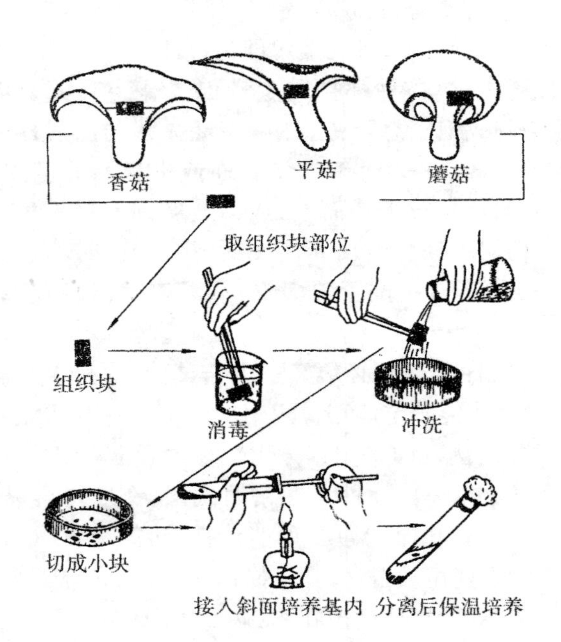

图5-9 组织分离操作过程

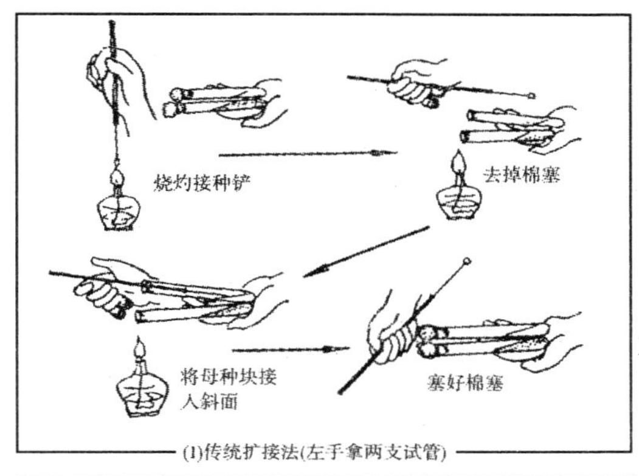

(1)传统扩接法(左手拿两支试管)

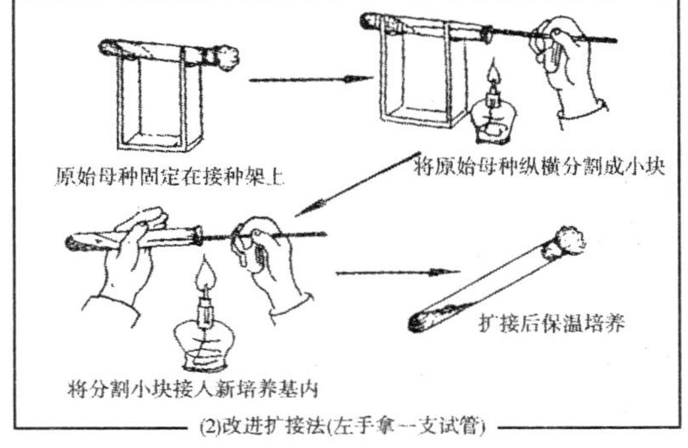

(2)改进扩接法(左手拿一支试管)

图 5 – 10　母种扩接操作过程

(1)扩繁接种前的准备　接种前一天,做好接种室(箱)的消毒工作。先将空白斜面试管、接种工具等移入接种室(箱)内,然后用福尔马林(每立方米空间用药 5 ~ 10 毫升)加热密闭熏蒸 24 小时,再用 5% 石炭酸溶液喷雾杀菌和除去甲醛臭气,使臭氧散尽后入室操作。如在接种箱内播种,先打开箱内紫外线灯照射 45 分钟,关闭箱室门,人员离开室内以防辐射伤人。照射结束后停半小时以上方可进行操作。操作人员要换上无菌服、帽、鞋,用 2% 煤酚皂液(来苏水)将手浸泡几分钟,并将引进或分离的母种用乙醇擦拭外部后带入接种室(箱)。

(2)接种方法　左手拿起两支试管,一般斜面试管母种在上,空白斜面试管在下,右手拿接种耙,将接种耙在酒精灯上烧灼后冷却,在酒精灯火焰附近先取下母种试管口棉塞,再用左手无名指和小指抽掉空白斜面试管棉塞并夹住,试管口稍向下倾斜,用酒精灯火焰封锁管口,把接种耙伸入试管,将母种斜面横向切成2毫米左右的条,不要全部切断,深度约占培养基的1/3。再将接种铲灼烧后冷却,将母种纵向切成若干小块,深度同前,宽2毫米,长4毫米,拔去空白试管的棉塞,用接种铲挑起一小块带培养基的菌丝体,迅速将接种块移入空白斜面中部。接种时应使有菌丝的一面竖立在斜面上,这样气生菌丝和基内菌丝都能同时得到发育。在接种块过管口时要避开管口和火焰,以防烫死或灼伤菌丝。将棉塞头在火焰上烧一下,然后立即将棉塞塞入试管口,将棉塞转几下,使之与试管壁紧贴。接种量一般每支20毫米×200毫米的试管母种可移接35支扩繁母种(图5-11)。

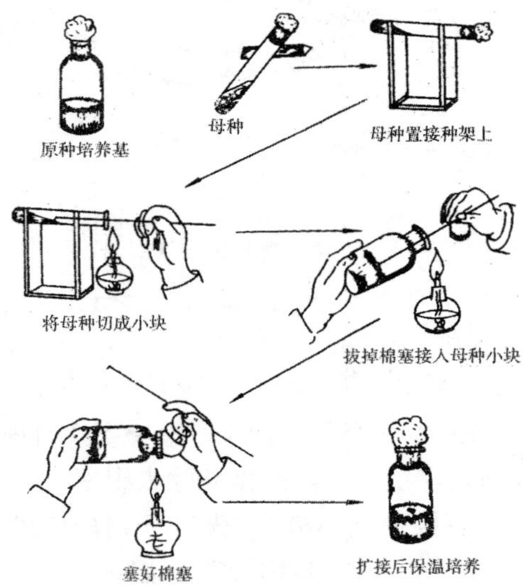

图5-11　从母种扩接为原种的操作过程

接种完毕后，及时将接好的斜面试管移入培养室中培养，移入前，搞好室内卫生，用0.1%的来苏水或清水清洗室箱或台面，并开紫外线灯灭菌30分钟。培养期间，室温控制在25℃左右，并注意检查发菌情况，发现霉菌感染，及时淘汰。待菌丝长满斜面即为扩繁母种。

（四）原种和栽培种的制作

先由母种扩接为原种，再由原种转接为栽培种。

制作原种和栽培种的原料配方及制作方法基本相同。只因栽培种数量较大，所用容器一般为聚丙烯塑料袋。其工艺流程为：配料→分装→灭菌→冷却→接种→培养→检验→成品。

1. 原料配方

原种和栽培种按培养基质不同可分为谷粒种和草料种；按基质状态又分为固体种和液体种。目前生产上广为应用的是固体种。常作谷粒种培养基的原料有小麦、大麦、玉米、谷子、高粱、燕麦等，常作草料种的培养基的原料为棉子壳、稻草、木屑、玉米芯、豆秸等。此外还有少量石膏、麦麸、米糠、过磷酸钙、石灰、尿素等作为辅料，常用配方如下。

（1）谷粒种培养基及其配制

①麦粒培养基：选用无霉变、无虫蛀、无杂质、无破损的小麦粒做原料，用清水浸泡6～8小时，以麦粒吸足水分至胀满为度，浸泡时，每50千克小麦加0.5千克石灰和2千克福尔马林，用以调节酸碱度和杀菌消毒。然后入锅，用旺火煮10～15分钟，捞起控水后加干重1%的石膏拌匀后装瓶、加盖、灭菌。

②谷粒培养基：选饱满、无杂质、无霉变的谷粒，用清水浸泡2～3小时，用旺火煮10分钟（切忌煮破），捞起控水后加0.5%（按干重计）生石灰和1%（按干重计）石膏粉，搅拌均匀后装瓶、灭菌。

③玉米粒培养基：选饱满玉米，用清水浸泡8～12小时，使其充分吸水，然后煮沸30分钟，至玉米变软膨胀但不开裂为度。捞起控干水分，拌入0.5%（按干重计）生石灰，装瓶、灭菌。

以上培养基灭菌均采用高压蒸汽灭菌,高压0.2MPa(兆帕),灭菌2~2.5小时;若用0.15MPa(兆帕),则需2.5~3小时。

(2)草料种配方及配制

①纯棉子壳培养基:棉子壳加水调至含水量在60%,拌匀后装瓶(袋),灭菌。

②棉子壳碱性培养基:棉子壳99%、石灰1%,加水调至含水量60%,拌匀装瓶(袋),灭菌。

③棉子壳玉米芯混合培养基:棉子壳30%~78%,玉米芯(粉碎)20.5%~68.5%,石膏1%,生石灰0.5%,加水调至含水量60%,拌匀后装瓶(袋),灭菌。

④玉米芯麦麸培养基:玉米芯(粉碎)82.5%,麦麸或米糠14%,过磷酸钙2%,石膏1%,石灰0.5%,加水调至含水量60%,拌匀后装瓶(袋),灭菌。

⑤木屑培养基:阔叶树木屑79.5%,麦麸或米糠19%,石膏1%,石灰0.5%,加水调至含水量60%,拌匀后分装灭菌。

⑥稻草培养基:稻草(粉碎)76.5%,麦麸20%,过磷酸钙2%,石膏1%,石灰0.4%,尿素0.1%,加水调至含水量60%,拌匀装瓶(袋),灭菌。

⑦豆秸培养基:大豆秸(粉碎)88.5%,麦麸或米糠10%,石膏1%,石灰0.5%,加水调至含水量60%,拌匀装瓶(袋),灭菌。

以上各配方在有棉子壳的情况下,均可适当增加棉子壳用量。其作用有二:一是增加培养料透气性,有利发菌;二是棉仁酚有利菌丝生长。不论是瓶装还是袋装,都要松紧适度。装得过松,菌丝生长快,但菌丝细弱、稀疏、长势不旺;装得过紧,通气不良,菌丝生长困难。谷粒种装瓶后要稍稍摇动几下,以使粒间孔隙一致。其他料装瓶后要用锥形木棒(直径2~3厘米)在料中间打一个深近瓶底的接种孔,然后擦净瓶身,加盖棉塞和外包牛皮纸,以防灭菌时冷凝水打湿棉塞,引起杂菌感染。

用塑料袋装料制栽培种时,塑料袋不可过大,一般在13~15厘米宽,25厘米长即可,每袋装湿料400~500克,最好使用塑料套环和棉塞，以利通气发菌。

2. 灭菌

灭菌是采用热力（高温）或辐射（紫外线）杀灭培养基表面及基质中的有害微生物，以达到在制种栽培中免受病虫危害的目的。因此灭菌的彻底与否，直接关系到制种的成败及质量的优劣。培养基分装后要及时灭菌，一般应在4～6小时内进行，否则易导致培养料酸败。不同微生物对高温的耐受性不同，因此灭菌时既要保证一定的温度，又要保证一定的时间，才能达到彻底灭菌的目的。

制作原种和栽培种时，常用的灭菌方法有高压蒸汽灭菌法和常压蒸汽灭菌法。这两种灭菌方法，其锅灶容量较大，前者适合原种，后者适于栽培种生产。

（1）高压蒸汽灭菌法　就是利用密封紧闭的蒸锅，加热使锅内蒸汽压力上升，使水的沸点不断提高，锅内温度增加，从而在较短时间内杀灭微生物（包括细菌芽孢）。是一种高效快捷的灭菌方法。主要设备是高压蒸汽灭菌锅，有立式、卧式、手提式等多种样式。大量制作原种和栽培种，多使用前两种。使用时要严守操作规程，以免发生事故。高压锅内的蒸汽压力与蒸汽温度有一定的关系，蒸汽温度与蒸汽压力成正相关，即蒸汽温度越高，所产生的蒸汽压力就越大，如下表所示（表5－1）。

表5－1　蒸汽温度与蒸汽压力对照表

蒸汽温度（℃）	蒸汽压力 1gf/in^2	蒸汽压力 kgf/cm^2	蒸汽压力 MPa
100.0	0.0	0.0	0.0
105.7	3	0.211	0.0215
111.7	7	0.492	0.0502
119.1	13	0.914	0.0932
121.3	15	1.055	0.1076
127.2	20	1.406	0.1434
128.1	22	1.547	0.1578
134.6	30	2.109	0.2151

此表引自贾生茂等《中国平菇生产》。1gf/in^{2}表示英制磅力每平方英寸；kgf/ cm^{2}表示公制千克力每平方厘米；MPa(兆帕)为压力的法定计量单位。

因此,从高压锅的压力表上可以了解和掌握锅内蒸汽温度的高低及蒸汽压力的大小。如当压力表上的读数为0.21或0.0215时,其高压锅内的蒸汽温度即为105.7℃。一般固体物质在0.14~0.2MPa下,灭菌1~2.5小时即可。使用的压力和时间要依据原料性质和容量多少而定,原料的微生物基数大、容量多使用的压力相对要高,灭菌时间要长,才能达到彻底灭菌效果。不论采用哪种高压灭菌器灭菌,灭菌后均应让其压力自然下降,当压力降至零时,再排汽,汽排净后再开盖出料。

(2)常压蒸汽灭菌法　即采用普通升温产生自然压力和蒸汽高温(98℃~100℃)以杀灭微生物的一种灭菌方法。这种灭菌锅灶种类很多。可自行设计建造。它容量大,一般可装灭菌料1500~2000千克(种瓶2000~4000个),很适合栽培种培养基或熟料栽培原料的灭菌。采用此法灭菌时,料瓶(袋)不要码得过紧,以利蒸汽串通;火要旺,装锅后在2~3小时使锅内温度达98℃~100℃,开始计时,维持6~8小时。灭菌时间可根据容量大小而定,容量大的灭菌时间可适当延长,反之可适当缩短。灭菌中途不能停火或加冷水,否则易造成温度下降,灭菌不彻底。灭完菌后不要立即出锅,用余热将培养料焖一夜,这样既可达到彻底灭菌的目的,又可有效地避免因棉塞受潮而引起杂菌感染。

3. 冷却接种

(1)冷却　灭菌后将种瓶(袋)运至洁净、干燥、通风的冷却室或接种室让其自然冷却,当料温冷却至室温(30℃以下)时方可接种。料温过高接种容易造成“烧菌”。

(2)消毒　接种前,要用甲醛和高锰酸钾等对接种室进行密闭熏蒸消毒(用量、方法如前所述),用乙醇或新洁尔灭等对操作台的表面进行擦拭。然后打开紫外线灯照射30分钟,半小时后开始接种。使用超净工作台接种时,先用75%酒精擦拭台面,然后打开开关吹过滤空气20分钟。无论采用哪种方法接种,均要严格按无菌操作规程进行操作。

(3)接种方法　一人接种时,将母种(或原种)夹在固定架上,左手持需要接种的瓶(袋),右手持接种钩、匙,将母种或原种取出迅速接入瓶(袋)内,使菌种块落入瓶(袋)中央料洞深处,以利菌丝萌发生长。两人接种时,左边一人持原种或栽培种瓶(袋),负责开盖和盖盖(或封口),右边一人持母种或原种瓶及接种钩,将菌种掏出迅速移入原种或栽培种瓶(袋)内。袋料接种后,要注意扎封好袋口,最好套上塑料环和棉塞,既利于透气,又利于防杂菌。

4. 培养发菌

接种后将种瓶(袋)移入已消毒的培养室进行培养发菌(简称培菌)。培菌期间的管理主要抓以下两项工作。

(1)控制适宜的温度　如平菇(侧耳类的代表种)菌丝生长的温度范围较广,但适宜的温度范围只有几度;且不同温型的品种,菌丝生长对温度的需求又有所不同,因此,要根据所培养的品种温型及适温范围对温度加以调控。菌丝生长阶段,中低温型品种一般应控温在20℃～25℃,广温和高温型品种,以24℃～30℃为宜。平菇所有品种的耐低温性都大大超过其对高温的耐受性。当培养温度低于适温时,只是生长速度减慢,其活力不受影响;当培养温度高于适温时,菌丝生长稀疏纤细,长势减弱,活力被削弱。因此,切忌培养温度过高。

为了充分利用培养室空间,室内可设多层床架用于摆放瓶(袋)进行立体培养。如无床架,在低温季节培菌时,可将菌种瓶(袋)堆码于培养室地面进行墙式培养。堆码高度一般4～6瓶(袋)高;堆码方式,菌瓶可瓶底对瓶底双墙式平放于地面,菌袋可单袋骑缝卧放于地面。两行瓶袋之间留50～60厘米人行道,以便管理。为了受温均匀,发菌一致,堆码的瓶袋要进行翻堆。接种后5天左右开始翻堆,将菌种瓶(袋)上、中、下相互移位。随着菌丝的大量生长,新陈代谢旺盛,室温和堆温均有所升高,此时要加强通风降温和换气。如温度过高,要及时疏散菌种瓶(袋),确保菌丝正常生长。

(2)检查发菌情况　接种后发菌是否正常,有无杂菌感染,这都需要通过检查发现,及时处理。一般接种后3~5天就要开始进行检查,如发现菌种未萌发,菌丝变成褐色或萎缩,则需及时进行补种。此后,每隔2~3天检查一次,主要是查看温湿度是否合适,有无杂菌污染。如温度过高,则需及时翻堆和通风降温;如发现有霉菌感染,局部发生时,注射多菌灵或克霉灵,防止扩大蔓延。污染严重时,剔除整个瓶(袋)掩埋处理。当多数菌种菌丝将近长满时,进行最后一次检查,将长势好,菌丝浓密、洁白、整齐者分为一类,其他分为一类,以便用于生产。

(五)菌种质量鉴定

生产出来的菌种是否合格,能否用于生产,是一个非常重要的问题,菌种生产者和栽培者均应认真加以对待,否则如生产或使用了劣质菌种,必将造成重大经济损失。要鉴定菌种质量,就必须要有个标准,一般认为从感官鉴定来说(一般生产者不可能通过显微观察),主要应包括以下几方面。

1. 合格菌种标准

(1)菌丝体色泽:洁白,无杂色;菌种瓶、袋上下菌丝色泽一致。

(2)菌丝长势:斜面种,菌丝粗壮浓密,呈匍匐状,气生菌丝爬壁力强。原种和栽培种菌丝密集,长势均匀,呈绒毛状,有爬壁现象,菌丝长满瓶袋后,培养基表面有少量珊瑚状小菇蕾出现。

(3)二、三级种培养基色泽:淡黄(木屑)或淡白(棉子壳),手触有湿润感。

(4)有清香味:打开菌种瓶、袋可闻到特殊香味,无异味。

(5)无杂菌污染:肉眼观察培养基表面无绿、红、黄、灰、黑等杂菌出现。

2. 不合格或劣质菌种表现

(1)菌丝稀疏,长势无力,瓶、袋上下生长不均匀。原因是培养料过湿,或装料过松。

(2)菌丝生长缓慢,不向下蔓延。可能是培养料过干或过湿,或培养温度过高所致。

(3)培养基上方出现大量子实体原基。

(4)培养基收缩脱离瓶(袋)壁,底部出现黄水积液,说明菌种已老化。

(5)菌种瓶(袋)培养基表面可见绿、黄、红等菌落,说明已被杂菌感染。

有以上(1)、(2)、(3)种情况时可酌情使用,但应加大用种量;(4)、(5)种情况应予淘汰,绝对不能使用。

3. 出菇试验

所生产的菌种是否保持了原有的优良种性,必须通过出菇试验才能确定,具体做法如下。

采用瓶栽或块栽方法,设置4个重复,以免出现偶然性。瓶栽法与三级菌种的培养方法基本相同,配料、装瓶、灭菌、接种后置适温下培养。当菌丝长满瓶后再过7天左右,即可打开瓶口盖让其增氧出菇。块栽法即取菌菇三级种的培养基用33厘米见方、厚6厘米的4个等量的木模(或木箱)装料压成菌块,用层播或点播法接入菌种,置温、湿、气、光等适宜条件下发菌、出菇。发菌与出菇期均按常规法进行管理。

在试验过程中,要经常认真观察、记录菌丝的生长和出菇情况,如记录种块的萌发时间、菌丝生长速度、吃料能力、出菇速度、子实体形态、转潮快慢、产量高低及质量优劣等表现。最后通过综合分析评比,选出菌丝生长速度快,健壮有力,抗病力强,吃料快,出菇早,结菇多,朵形好,肉质肥厚,转潮快,产量高,品质好的作为合格优质菌种供应菇农或用于生产。

也可直接将培养好的二级或三级菌种瓶、袋,随意取若干瓶、袋(一般不少于10瓶袋),打开瓶袋口或敲碎瓶身或划破袋膜,使培养料外露,增氧吸湿,或覆上合适湿土让其出菇。按上述要求进行观察和记载,最后挑选出表现优良的菌株作种用。

二、无公害菇菌生产要求

菇菌已被公认为“绿色保健食品”,进而受到人们的普遍欢迎。但随着工农业的不断发展,环保工作相对滞后,生态环境受到污染的程度越来越高,大量的农药、化肥和激素等有毒化学物质遍布神州大地,给菇菌生产带来了较大的伤害,严重影响了菇菌及其产品的质量和风味。特别是在我国“入世”之后,菇菌及其产品,在国际市场上将面临严峻的挑战。如菇体被污染,将难以进入国际市场,因此无公害菇菌的生产迫在眉睫,势在必行。

在菇菌生产和加工中,有哪些被污染的环节和途径?总体来说有以下途径。

(一)菇菌生产中的污染途径

1. 栽培原料的污染

食用菌的栽培原料多为段木、木屑、棉子壳、稻草和麦秸等农作物下脚料。有些树木长期生长在富含汞或镉元素的地方,其木材内汞和镉的含量较高。棉子壳中含有一种棉酚为抗生育酚,对生殖器官有一定危害。汞被人体吸收后重者可出现神经中毒症状;镉被人体吸收后,可损害肾脏和肝脏,并有致癌的危险。此外还有铅等重金属元素,也会直接污染栽培料。如果大量、单一采用这些原料栽培菇菌,上述有害物质就会通过“食物链”不同程度地进入菌体组织,人们长期食用这类食品,就会将这些毒物富集于体内,最终损害人体健康。

2. 管理过程中的污染

菇菌的生产,要经过配料、装瓶(袋)、浇水、追肥及防治病虫害等工序。在这些工序中如不注意,随时都有可能被污染。在消毒灭菌时,常采用37% ~40%的甲醛等作消毒剂;在防治病虫害时常用多菌灵、敌敌畏、氧化乐果乃至剧毒农药1605等。这些物质均有较多的残留物和较长的残毒性,易对人体产生毒害。此外,很多农药及有害化学物质,均易溶解和流入水中,如使用此种水浇灌或浸泡菇菌(加工时),也会污染菌体,进而危害人体。

（二）产品加工过程中的污染

1. 原料的污染：菇菌的生长环境一般较潮湿，原料进厂后如不及时加工，又堆放在一起，因自然发热而引起腐烂变质，加工时又没严格剔除变质菇体，加工成的产品本身就已被污染。

2. 添加剂污染：菇菌在加工前和加工过程中，用焦亚硫酸钠、稀盐酸、矮壮素、比久及调味剂、着色剂、赋香剂等化学药物作护色、保鲜及防腐。尽管这些药物用量很小，并在加工过程中经反复清洗过，且食用时也要充分漂洗，但毕竟难以彻底清除掉，多少总会残留些毒物，对人体存在着潜在的毒性威胁。

3. 操作人员污染：采收鲜菇和处理鲜菇原料的人员，手足不清洁；或本身患有乙肝、肺结核等传染病，或随地吐痰等，都会直接污染原料和产品。

4. 操作技术不严污染：菇菌产品加工工序较多，稍一放松某道工序，就可能导致污染。如盐渍品盐的浓度过低；罐制品杀菌压力不够，时间不足，排气不充分，密封不严等，均能让有害细菌残存于制品中继续为害，进而导致产品败坏。尽管菌类制品的细菌污染多为非致病菌，但也会感染致病菌，以致产生毒素危害人体。

5. 生产、加工用水要清洁卫生，严禁使用污染水源，要用符合饮用水标准的水。

（三）贮藏、运输、销售等流通环节中的污染

我国目前食用菌的出口产品为干制、盐渍、冷藏、速冻等初加工产品，不论如何消毒灭菌，多数制品均属商业性灭菌，因此产品本身仍然带菌，只是条件适宜，所带细菌就不能大量繁殖，使产品得以保存。一旦温度条件发生变化、冷藏设备失调、干制品受潮、盐渍品盐度降低等，都会导致产品败坏，以致重新被污染。在产品运输途中，如运输工具不洁，在销售过程中，如贮藏不当、包装破损、货架期长，也能被污染。

（四）防止菇菌生产及产品被污染的防范措施

1. 严格挑选和处理好培养料

(1)一定要选用新鲜、干燥、无霉变的原料作培养料。

(2)尽量避免使用施过剧毒农药的农作物下脚料,如稻草、棉子壳等作培养料。

(3)最好不要使用单一成分的培养料,多采用较少污染的多成分的混合料。

(4)各种原料使用前都要在阳光下进行暴晒,借紫外线杀灭原料中携带的部分病菌和虫卵。

(5)大力开发和使用污染较少的“菌草”,如芒萁、类芦、斑茅、芦苇、五节芒等做培养料。

2. 在防治菇菌病虫害时,严格控制使用高毒农药

菇菌在栽培过程中,防病治虫时,施用的药物一定要严格选用高效低毒的农药,但在出菇时绝对不要施任何药物。杀虫剂可选用乐果、敌百虫、杀灭菊酯和生物性杀虫剂青白菌、白僵菌及植物性杀虫剂除虫菊等。还可选用驱避剂樟脑丸和避虫油及诱杀剂糖醋液等。熏蒸剂可用磷化铝取代甲醛。杀菌剂以选用代森铵、稻瘟净、抗生素、井冈霉素及植物杀菌素大蒜素等。这些药物对病虫均有较好的防治作用,而对环境和食用菌几乎无污染。

3. 产品加工时使用的护色、保鲜、防腐方面尽量选用无毒的化学药剂

我国已开发和采用抗坏血酸(即维生素 C)和维生素 E 及氯化钠(即食盐)等进行护色处理,并收到理想效果,其制品色淡味鲜,对人体有益无害。有条件的最好采用辐射保鲜,可杀灭菌体内外微生物和昆虫及破坏或降低酶的活力,不留任何有害残留物。

为确保安全,现将有关保鲜防腐剂的限定用量列出如表 5－2。

表 5－2　几种菇菌产品保鲜防腐剂限定用量

物质名称	限定用量	使用方法
氯化钠(食盐)	0.6%;0.3%	浸泡鲜菇 10 分钟
氯化钠＋氯化钙	0.2%＋0.1%	浸泡鲜菇 30 分钟
L－抗坏血酸液	0.1%	喷鲜菇表面至湿润或注罐
L－抗坏血酸液＋柠檬酸	0.5%＋0.02%	浸泡鲜菇 10～20 分钟
稀盐酸	0.05%	漂洗鲜菇体
亚硫酸钠	0.1%～0.2%	漂洗和浸泡鲜菇 10 分钟
苯甲酸钠(安息香钠)	0.02%～0.03%	作汤汁注入罐、桶中
山梨酸钠	0.05%～0.1%	作汤汁注入罐、桶中
γ－射线照射剂量	(250～400)×10^3拉德	鲜菇及产品在放射源前通过
^{60}Co γ－射线照射剂量	5 万～10 万拉德	鲜菇及产品在放射源前通过

4. 产品加工时要严格选料和严守操作规程

(1)采用鲜菇作原料的食品,原料必须绝对新鲜,并要严格剔除有病虫害的和腐烂变质的菇体;采收前 10 天左右,不得施用农药等化学药物,以防残毒危害人体。

(2)操作人员必须身体健康,凡有乙肝、肺炎、支气管炎、皮炎等病患者,一律不得从事食用菌等产品加工操作。

(3)要做到快采、快装、快运、快加工,严格防止松懈拖拉现象发生,以防鲜菇腐败变质。

(4)在加工过程中,对消毒、灭菌、排气密封、加汤调味等工序,要严格按清洁、卫生、定量、定温、定时等规定办,切不可偷工减料,以免消毒灭菌不彻底或排气密封不严等而导致产品被污染和变质。

5. 产品的贮存、运输及销售中,要严防污染变质

(1)加工的产品,不论是干品还是盐渍品及罐制品,均要密封包装,防止受潮或漏气而引起腐烂。

(2)贮存处要清洁卫生、干燥通风,并不得与农药、化肥等化学物质和易散发异味、臭气的物品混放,以防污染产品。

(3)在运输过程中,如路程较远、温度较高时,一定要用冷藏车(船)装运;有条件的可采用空运。用车船运输时,要定时添加一定量的冰块等降温物质,防止在运输过程中因高温而引起腐败变质。

(4)出售时,产品要置干燥、干净、空气流通的货架(柜)上,防止在货架期污染变质。并要严格按保质期销售,超过保质期的产品不得继续销售,以免损害消费者健康。

三、鲜菇初级保鲜贮存法

绝大多数菇菌鲜品含水量高(一般均在90%以上),新鲜,嫩脆,一般不耐贮藏。尤其是在温度较高的条件下,若逢出菇高峰期,如不能及时鲜销或加工,往往导致腐烂变质,失去商品价值,造成重大经济损失。因此,必须对鲜品进行初级保鲜,以减少损失,确保良好的经济效益。现将有关技术介绍如下。

(一)采收与存放

采收鲜菇时,应轻采轻放,严禁重抛或随意扔甩,以防菇体受震破碎,采下的菇要存入专用筐、篮内。其内要先垫一层白色软纸,一层层装满装实(不要用手压挤),上盖干净湿布或薄膜,带到合适地点进行初加工。

(二)初加工处理

将采回的鲜菇,逐朵去掉基部所带培养基等杂物,分拣出有病虫害的菇体,适当修整好畸形菇,剪去过长的菌柄,对整丛或过大的菌体进行分开和切小,再分装于周转箱(筐)中,也可分成100克、200克、250克、500克及1000克的中小包装。鲜香菇等名贵菇类,可将菇体肥厚、大小基本一致的进行精品包装或统级包装。不论采用何种包装,最好尽快上市鲜销;不能及时鲜销时,置低温、避光通风地作短暂贮藏。

(三)保鲜方法

1. 低温保鲜法

低温保鲜即通过低温来抑制鲜菇的新陈代谢及腐败微生物的活动,使之在一定的时间内保持产品的鲜度、颜色及风味不变的一种保鲜方法。常用的有以下几种。

(1)常规低温保鲜:将采收的鲜菇整理后,立即放入筐内、篮中,上盖多层湿纱布或塑料膜,置于冷凉处,一般可保鲜1~2天。

如果数量少,可置于洗净的大缸内贮存。具体做法:在阴凉处置缸,缸内盛少许清水,水上放一木架,将装在筐或篮内的鲜菇放于木架上,再用塑膜封盖缸口,塑膜上开 3 ~5 个透气孔。在自然温度 20℃以下时,对双孢蘑菇、草菇、金针菇、平菇等柔质菌类短期保鲜效果良好。

(2)冰块制冷保鲜:将小包装的鲜菇置于三层包装盒的中格,其他两格放置用塑料袋包装的冰块,并定时更换冰块。此法对草菇、松茸等名贵菌类有良好的短期保鲜作用(空运出口时更适用)。也可在装鲜菇的塑料袋内放入适量干冰或冰块,不封口,于 1℃以下可存放 18 天,6℃可存放 13 ~14 天,但贮藏温度不可忽高忽低。

(3)短期休眠保存:香菇、金针菇等鲜品,先置 20℃下放置 12 小时,再于 0℃左右的冷藏室中处理 24 小时,使其进入休眠状态,保鲜期可达 4 ~5 天。

(4)密封包装冷藏:将采收的香菇、金针菇、滑菇等鲜菇立即用 0. 05 ~0. 08 毫米厚聚乙烯塑料袋或保鲜袋密封包装,并注意将香菇等菌褶朝上,于 0℃左右保藏,一般可保鲜 15 天左右。

(5)机械冷藏:有条件的可将采收的各种鲜菇,经整理包装后立即放入冷藏室、冷库或冰箱中,利用机械制冷,调控温度在 1℃ ~5℃,空气湿度 85% ~90%,可保鲜 10 天左右。

(6)自然低温冷藏:在自然温度较低的冬季,将采收的鲜菇直接放在室外自然低温下冷冻(为防止菇体变褐或发黄,可将鲜菇在 0. 5% 柠檬酸溶液中漂洗 10 分钟),约经 2 小时,装入塑料袋中,用纸箱包装,置于低温阴棚内存放,可保鲜 7 天左右。

(7)速冻保藏:对于一些珍贵的菌类,如松茸、金耳、口蘑、羊肚菌、鸡油菌、美味牛肝菌等在未开伞时,用水轻轻漂洗后,薄薄地摊在竹席上,置于高温蒸汽密室熏蒸 5 ~8 分钟,使菇体细胞失去活性,并杀死附着在菇体表面的微生物。熏蒸后将菇体置 1% 的柠檬酸液中护色 10 分钟,随即吸去菇体表面水分,用玻璃纸或锡箔袋包装,置-35℃低温冰箱中急速冷冻 40 分钟至 1 小时后移至-18℃下冷冻贮藏,可保鲜18个月。

(8)杀酶保鲜:将采收的鲜菇按大小分装于筐内,浸入沸腾的开水中漂烫4~8分钟,以抑制或杀灭菇体内的酶活性,捞出后立即浸入流水中迅速冷却,达到内外温度均匀一致,沥干水分,用塑料袋包装,置冰箱或冷库中贮藏,可保鲜10天左右。

2. 气调保鲜法

气调保鲜就是通过调节空气组分比例,以抑制生物体(菇菌类)的呼吸作用,来达到短期保鲜的目的,常用方法有以下几种。

(1)将鲜香菇等菇类贮藏于含氧量10%~20%,二氧化碳40%,氮气58%~59%的气调袋内于20℃下贮藏,可保鲜8天。

(2)用纸塑袋包装鲜菇,加入适量天然去异味剂,于5℃下贮藏,可保鲜10~15天。

(3)用纸塑复合袋包装鲜草菇,在包装袋上打若干自发气调孔,于15℃~20℃下贮藏,可保养3天以上。

(4)真空包装保鲜:用0.06~0.08毫米厚的聚乙烯塑膜袋包装鲜金针菇等菇类3~5千克,用真空抽提法抽出袋内空气,热合封口,结合冷藏,保鲜效果很好。

3. 辐射保鲜法

辐射保鲜就是用^{60}Co γ射线照射鲜菇体,以抑制菇色褐变,破膜,开伞,达到保鲜的目的,这是目前世上最新的一种保鲜方法。

(1)以^{60}Co γ射线照射装入多孔的聚乙烯袋内的鲜双孢菇等菇类,照射剂量为$(250\sim400)\times10^3$拉德,于10℃~15℃下贮存,可保鲜15天左右。

(2)以^{60}Co γ射线照射鲜蘑菇等菇类,照射剂量为5万~10万拉德,贮藏在0℃下,其鲜菇颜色、气味与质地等商品性状保持完好。

(3)以^{60}Co γ射线照射处理纸塑袋装鲜草菇等,照射量为8万~12万拉德,于14℃~16℃下,可保鲜2~3天。

(4)以^{60}Co γ射线照射鲜松茸等,照射量为5万~20万拉德,于20℃下可保鲜10天。

辐射保鲜，是食用菌贮藏技术的新领域，据联合国粮农组织、国际原子能机构及世界卫生组织联合国专家会议确认，辐射总量为100万拉德时，照射任何食品均无毒害作用，可作商品出售。因此，我国卫生部规定：自1998年6月1日起凡辐射食品一定要贴有关辐射食品标志才能进入国内市场。

4. 化学保鲜法

化学保鲜即使用对人畜安全无毒的化学药品和植物激素处理菇类以延长鲜活期而达到保鲜目的的一种方法。

（1）氯化钠（即食盐）保鲜：将采收的鲜蘑菇、滑菇等整理后浸入0.6%盐水中约10分钟，沥干后装入塑料袋内，于10℃～25℃下存放4～6小时，鲜菇变为亮白色，可保鲜3～5天。

（2）焦亚硫酸钠喷洒保鲜：将采收的鲜口蘑、金针菇等摊放在干净的水泥地面或塑料薄膜上，向菇体喷洒0.15%的焦亚硫酸钠水溶液，翻动菇体，使其均匀附上药液，用塑料袋包装鲜菇，立即封口贮藏于阴凉处，在20℃～25℃下可保鲜8～10天（食用时要用清水漂洗至无药味）。

（3）稀盐酸液浸泡保鲜：将采收的鲜草菇等整理后经清水漂洗晾干，装入缸或桶内，加入0.05%的稀盐酸溶液（以淹没菇体为宜），在缸口或桶口加盖塑料膜，可短期保鲜（深加工或食用时用清水冲洗至无盐酸气味）。

（4）抗坏血酸保鲜：草菇、香菇、金针菇等采收后，向鲜菇上喷洒0.1%的抗坏血酸（即维生素C）液，装入非铁质容器，于-5℃下冷藏，可保鲜24～30小时。

（5）氯化钠与氯化钙混合保鲜：将鲜菇用0.2%的氯化钠加0.1%的氯化钙制成混合液浸泡30分钟，捞起装于塑料袋中，在16℃～18℃下可保鲜4天，5℃～6℃下可保鲜10天。

（6）抗坏血酸与柠檬酸混合液保鲜：用0.02%～0.05%的抗坏血酸和0.01%～0.02%的柠檬酸配成混合保鲜液，将采收的鲜菇浸泡在此液中10～20分钟，捞出沥干水分，用塑料袋包装密封，于23℃贮存12～15小时，菇体色泽乳白，整菇率高，制罐商品率高。

(7)比久(B9)保鲜:比久的化学名称是N-二甲胺苯琥珀酰液,是一种植物生长延缓剂。以0.001%~0.01%的比久水溶液浸泡蘑菇、香菇、金针菇等鲜菇10分钟后,取出沥干装袋,于5℃~22℃下贮藏可保鲜8天。

(8)麦饭石保鲜:将鲜草菇等装入塑料盒中,以麦饭石水浸泡菇体,置于-20℃下保存保鲜期可达70天左右。

(9)米汤碱液保鲜:用做饭时的稀米汤,加入1%纯碱或5%小苏打,溶解搅拌均匀,冷却至室温备用。将采收的鲜菇等浸入米汤碱液中,5分钟后捞出,置阴凉、干燥处,此时蘑菇表面形成一层米汤薄膜,以隔绝空气,可保鲜12小时。

主要参考文献

1. 黄年来主编.18 种珍稀名贵食用菌栽培．北京:中国农业出版社,1997

2. 何培新等主编．名特新食用菌 30 种．北京:中国农业出版社,1997

3. 陈启武等主编．鸡腿蘑、姬松茸、大球盖菇生产全书．北京:中国农业出版社,2009

4. 陈士瑜主编．珍稀菇菌栽培与加工．北京:金盾出版社,2003

5.《食用菌》、《中国食用菌》,2008 年以来有关文献。

敬　启

本书封面从网络上选用了4幅菇菌图片，因未能联系到作者，我社已将图片的使用情况备案到内蒙古自治区版权保护协会，并将图片稿酬按国家规定的稿酬标准寄付到内蒙古自治区版权保护协会。在此，敬请图片作者见到本书后，及时与内蒙古自治区版权保护协会联系领取稿酬。

联系人：寇爱涛

联系电话：0471－4967453

内蒙古科学技术出版社

2013年8月10日